学/者/文/库/系/列

混沌同步控制理论及其电路研究

罗 静 唐文涛 著

哈爾濱工程大学出版社
Harbin Engineering University Press

内容简介

混沌作为非线性领域的重要组成部分，因其在电子学、气象学、保密通信和图像加密等领域的广泛应用，吸引了大批学者的关注。本书针对异阶Rabinovich系统的混沌同步控制，分别利用无源控制理论和滑模控制理论实现了异阶Rabinovich系统的降阶同步控制和升阶同步控制；针对参数未知的不确定性异阶混沌系统的同步控制，提出了两种混沌同步控制器，包括自适应控制器和终端滑模控制器；基于自适应律方法，估计了系统模型中的未知参数、模型不确定性和外界干扰项；针对不确定性多混沌系统的投影同步控制，讨论了两种混沌同步模式，包括一对多混沌同步和传递混沌同步，并分别设计了一种基于超螺旋观测器的有限时间混沌同步控制器；研究了一种基于单一反馈控制器的忆阻器混沌同步控制及其电路实现。本书具有重要的理论意义和潜在的实用价值。

本书适合混沌控制相关研究方向的研究生及科研工作者阅读，也可供自动化控制领域的从业者学习参考。

图书在版编目(CIP)数据

混沌同步控制理论及其电路研究 / 罗静，唐文涛著.
哈尔滨 : 哈尔滨工程大学出版社，2024. 9. -- ISBN
978-7-5661-4572-7

Ⅰ. TP273

中国国家版本馆 CIP 数据核字第 2024PA3838 号

混沌同步控制理论及其电路研究
HUNDUN TONGBU KONGZHI LILUN JIQI DIANLU YANJIU

选题策划 邹德萍
责任编辑 张志雯
封面设计 李海波

出版发行 哈尔滨工程大学出版社
社　　址 哈尔滨市南岗区南通大街 145 号
邮政编码 150001
发行电话 0451-82519328
传　　真 0451-82519699
经　　销 新华书店
印　　刷 哈尔滨午阳印刷有限公司
开　　本 787 mm×1 092 mm　1/16
印　　张 8.25
字　　数 166 千字
版　　次 2024 年 9 月第 1 版
印　　次 2024 年 9 月第 1 次印刷
书　　号 ISBN 978-7-5661-4572-7
定　　价 39.80 元

http://www.hrbeupress.com
E-mail:heupress@hrbeu.edu.cn

前　言

混沌作为非线性领域的重要组成部分,因其在电子学、气象学、保密通信和图像加密等领域的广泛应用,吸引了大批学者的关注。随着半导体等技术的高速发展,基于混沌系统的同步控制研究在各个领域得到广泛发展,特别是在安全通信和图像加密等领域的研究具有潜在的实用价值。由于高阶混沌系统比低阶混沌系统具有更强的不可预测性和更复杂的非线性特性,因此高阶混沌系统的同步控制得到了广泛关注。目前,相同阶混沌同步控制的研究较多,而异阶混沌同步控制的研究相对较少。同时,考虑到异阶混沌系统同步控制的实用性,必须充分考虑不确定性因素和收敛速率对混沌同步控制的影响,深入研究不确定性异阶混沌系统的有限时间同步控制。此外,如何将普通双混沌系统的同步控制扩充到多混沌系统同步控制,使之能为基于多混沌系统同步的安全加密技术提供可靠的保障,也值得深入研究。特别是近年来,基于忆阻器的混沌系统因具有更强的伪随机性和更复杂的混沌信号,已成为非线性控制系统领域的研究热点。因此,围绕异阶混沌系统同步控制、多混沌系统同步控制、基于忆阻器的混沌系统同步控制和混沌同步控制电路及其应用等的研究,具有重要的理论意义和潜在的实用价值。本书作者通过学习与研究,主要取得了以下成果:

(1)针对异阶 Rabinovich 系统的混沌同步控制,分别利用无源控制和滑模控制理论实现了异阶 Rabinovich 系统的一种降阶同步控制和一种升阶同步控制。同时,利用李雅普诺夫稳定性理论和劳思-赫尔维茨稳定判据证明了混沌同步误差系统的全局渐近稳定性。通过数值仿真,对比分析了两种控制方法的优劣,并显示了所设计控制器的有效性。

(2)针对参数未知的不确定性异阶混沌系统的同步控制,提出了两种混沌同步控制器,包括自适应控制器和终端滑模控制器。基于自适应律方法,估计了系统模型中的未知参数、模型不确定性和外界干扰项。通过有限时间稳定性定理,结合自适应控制策略,利用有限时间自适应控制方法和终端滑模控制方法,克服了控制器非线性输入对异阶混沌同步的影响,并分别实现了异阶混沌系统的降阶和升阶同步控制。

(3)针对不确定性多混沌系统的投影同步控制,讨论了两种混沌同步模式,包括一对多混沌同步和传递混沌同步,并分别设计了一种基于超螺旋观测器的有限时间混沌同步控制器。基于有限时间稳定性理论，利用二次型李雅普诺夫函数，导出了观测器误差系统同步的充分条件，并得到了对系统不确定性的估计。在此基础上，提出了一个有限时间控制器，简化了混沌同步系统模型，并实现了混沌同步误差系统的有限时间收敛。此外，在基于传递混沌同步的基础上，探究了混沌掩盖加密通信方案的可行性，为基于混沌同步的保密通信提供了更多的选择。

（4）研究了一种基于单一反馈控制器的忆阻器混沌同步控制。通过描述一种基于忆阻器的混沌系统模型，提出了一种单一反馈混沌同步控制器，有利于后续混沌同步控制电路的实现。同时，基于劳思-赫尔维茨稳定判据和最小相位系统理论，得到了基于单一反馈控制器的混沌同步控制的一个充分条件。此外，利用 DNA（脱氧核糖核酸）编码技术，将基于混沌序列加密后的彩色图像进一步编码，提高了图像在加密传输过程中的安全性，并显示了基于忆阻器混沌同步的图像保密通信的有效性。

（5）研究了一种基于忆阻器混沌同步控制电路的设计与实现。针对一种基于有源磁控忆阻器的混沌电路模型，设计并实现了一种忆阻器混沌电路。经过实际硬件电路测试，其结果验证了忆阻器混沌电路的双涡漩吸引子结构。在此基础上，设计并实现了所提出的一种单一反馈混沌控制电路，从电路上实现了忆阻器混沌的同步控制，测试结果表明单一反馈混沌控制可以有效地实现忆阻器混沌的同步控制，且控制器简单有效。此外，在忆阻器混沌同步控制电路的基础上，进行了信号保密通信实验，实验结果表明基于单一反馈混沌控制同步保密通信方案具有可行性。

本书的编写得到了湖北省教育厅科技创新服务项目（F2023027）、荆门市一般科技计划项目（2024YFYB037、2024YFYB038）、荆楚理工学院重点科研项目（ZKZD2401、YY202408）的支持，在此一并表示感谢！

著　者

2024 年 6 月

目　　录

第1章 绪　论

1.1 研究背景及意义

在混沌理论诞生之前,世界上公认的有两大运动,一个是严格周期性的规则运动,另一个是无规律的随机运动。后来人们发现了很多无法用上述两种运动模式来解释的系统行为,例如气息系统、空气动力学系统和三体运动等,上述现象在经典意义下不可解。随着认识的不断深入,人们意识到还存在着一种貌似随机的确定性系统,即混沌系统。

非线性理论是当前人类科学研究的重要组成部分,然而混沌理论是非线性理论的一个重要分支。近年来,针对混沌理论的研究已经越来越受到学者们的重视,特别是在非线性控制、物理、化学、生物和天文学等领域。当前已经有很多学者对混沌理论的研究产生了极大的兴趣,大量的研究成果推动着混沌理论在实际中的应用。

由于混沌系统是一个复杂的非线性系统,它代表无法预测的行为,对它的研究就是对确定性系统中表现出的内在"随机现象"形成方式的讨论,因此混沌系统的一般特征是对初始条件和参数不确定性极度敏感。

20世纪60年代,美国气象学家爱德华·诺顿·洛伦茨(E. N. Lorenz)在计算机上进行天气预报的计算实验时发现,细微的输入差异造成了连续2次的仿真结果不一致,同时2次结果的相似性也消失了,进一步的研究表明输入的细微变化可以使输出有截然不同的结果。在现实世界中,普通的热对流系统可以引起变化莫测的天气,也就是所谓的"蝴蝶效应",这揭示出混沌系统是一个复杂的非线性系统,它代表无法预测的行为,对初始条件和参数不确定性极度敏感[1]。同时,在这种现象中,洛伦茨还发现结果看似杂乱无序,实际仍含有一定规律性,故而引发了人们对混沌现象的研究热潮。

1971年初,混沌理论的研究刚刚盛行,法国物理学家罗尔(D. Ruelle)和荷兰数学家托根斯(F. Takens)揭示了针对耗散系统的相空间中存在"奇异吸引子"这一说法,并利用数学方法，给定了流体力学中的 Navier-Stokes 方程进入湍流状态的机制，从而揭示了准周期态到湍流态的轨迹[2]。这一发现被评价为现代科学史上最重要的发现之一。

1975 年，美国数学家约克(J. Yorke)与他的得意门生李天岩(T. Y. Li)在研究系统函数的迭代期间，发现了方程存在周期解和混沌解，并发表了开创性期刊论文《周期 3 意味着 Chaos》，证明了有 3 个周期点，就有一切周期点，也就是说一个系统出现了周期 3，就会存在任意正整数的周期，系统就可以走向混沌[3]。从此"混沌"一词变成了行业内的专业术语。

1976 年，在生态学领域，美国生物学家梅(R. May)在对季节性繁殖的虫口模型(Logistic 映射)研究中，最早列举了通过倍周期分岔到达混沌这一路径[4]。相关研究结果发表在英国《自然》杂志上，影响深远。

1978 年，在梅的研究基础上，美国数学物理学家费根鲍姆(M. J. Feigenbaum)利用 HP-65 计算机重新对梅的虫口模型进行数值计算时，发现了 2 个费根鲍姆常数的存在，反映出混沌演化过程中的有序性，使得对不可捉摸的混沌系统的解密迈出了重要的一步。这一重大发现引起了数学物理界的极大兴趣。在同一时期，曼德尔布罗特(B. B. Mandelbrot)提出了分形几何学，用来描述一类杂乱无章的对象，使混沌维数从整数进入分数维领域，极大地推动了混沌理论的发展。

20 世纪 70 年代后期，研究人员发现了一系列混沌系统，例如 Rössler 系统[5]、Rabinovich 系统[6]、Rikitake 系统[7]、Chua 系统[8]、Chen 系统[9]、Lü 系统[10]、统一混沌系统[11]和 Liu 系统[12]等。同时，研究人员也开始着手研究更复杂的超混沌系统。超混沌系统与一般混沌系统相比，具有多个正李雅普诺夫指数，这意味着其动态范围可扩展到许多不同的方向。因此，超混沌系统比混沌系统更能显示出复杂的动态行为。1979 年，第一个超混沌 Rössler 系统[13]出现之后，其他各种超混沌系统如雨后春笋般涌现，包括超混沌 Lorenz 系统[14]、超混沌 Lü 系统[15]和超混沌 Rabinovich 系统[16]等。

如今，人们发现了许多系统模型可以产生混沌吸引子。同时，自记忆电阻器(简称"忆阻器")被发明以来，其作为非线性元件，聚焦在电路上，人们通过分析忆阻器的物理实现、电路特性和电路应用等研究，发现基于忆阻器的非线性动力学电路系统可以产生混沌行为。因此，许多研究人员发表了基于忆阻器元件来构造混沌电路的研究成果[17-22]。特别是忆阻器的非线性特性，对构建基于忆阻器的混沌系统起到了关键性的作用，但是有关忆阻器的工程应用暂且处在实验阶段。考虑到忆阻器对流经的电流具有记忆功能，而在常规的混沌系统模型中是不具有这一特性的，那么深入研究包含忆阻器的混沌电路，对揭示忆阻器在混沌电路中扮演的角色和生成新型的随机加密信号可以起到指导性作用。当前，由于忆阻器元件还没有大规模量化生产，基于忆阻器模型的非线性动力学理论研究还不够完善，对研究忆阻器的混沌电路设计有很大的理论意义和挑战性。

忆阻器作为一种新型的无源纳米器件,是表示磁通量与电荷之间的关系的电路器件。忆阻器的阻值与普通电阻不同,它由流经忆阻器内部的电荷量决定。由于忆阻器的引入,构建的具有忆阻器的电路系统的平衡点为与忆阻器内部状态变量有关的相对应的坐标轴上点的集合,并且平衡点所处位置的差异会带来不同的稳定特性。因此,由于系统初始位置的不同,系统状态轨迹将趋近于稳定点或极限环或混沌或发散[20],也就是说基于忆阻器的非线性系统不同于传统的非线性系统,它可以表现出不一样的非线性物理现象。同时,具有忆阻器的非线性动力学系统不仅对初始条件敏感,而且对系统参数的选择也同样敏感,再考虑到自身的非线性和多层次性等因素的影响,忆阻器所表现出的动力学行为更加复杂和难以处理。因此,一系列现实因素的影响给研究包含忆阻器的混沌非线性系统带来了挑战。结合目前忆阻器在材料学和工程应用领域的发展需求,深层次的探讨具有忆阻器的非线性动力学系统是完成忆阻器混沌设计的关键所在,也是当前忆阻器混沌系统发展的趋势。

近年来,随着忆阻器理论的发展,对忆阻器的研究已经从认知阶段进入控制和应用阶段[23-25]。由于包含忆阻器的混沌系统具有更加复杂的动力学行为和更加随机的动态特性,从物理上,难以实现此类混沌信号发生器,导致了基于忆阻器的混沌系统在工业应用领域的发展缓慢。但鉴于忆阻器的尺寸小,可以达到纳米级别,而且忆阻器在电路中不产生功率增益,可以作为类似于普通电路元件的无源设备在电路中使用。同时,由于忆阻器的记忆特性,使其在信息存储、消费电子、科学计算和医学等领域的应用不可替代。

随着传统的和基于忆阻器的混沌理论的发展,在过去的许多年里,混沌同步研究引起了科学工作者的极大关注,而且它已经在许多应用领域中得到了发展,例如物理、化学、生物学、力学、生态学和安全通信[26]等。截至目前,混沌同步的类型主要有完全同步、广义同步、相位同步、滞后同步和投影同步等。自 1990 年美国海军实验室的 L. M. Pecora 和 T. L. Carroll 首次提出驱动-响应同步控制方法[27]以来,如今研究人员已经提出了各种混沌同步技术来获得混沌系统的同步,例如线性反馈控制[28-29]、非线性反馈控制[30]、自适应控制[31]、主动控制[32]、无源控制[33-35]、滑模控制[36-37]和模糊控制[38]。其中,在无源控制方法中,利用无源网络理论知识可以构造混沌系统同步控制器,将最小相位系统配置为无源系统,并可以通过简单的状态反馈方法实现误差系统状态轨迹到达原点。另外,滑模控制主要用于设计滑膜面,并且设计了切换函数,以使误差系统趋向于滑模面上的运动,最后达到稳定点。当前,聚焦混沌同步的研究主要集中在两个领域,即相同阶的混沌系统同步和异阶的混沌系统同步。众所周知,当两个混沌系统的阶数相同时,许多学者对此情况已经进行了深入研究[39-42]。然而,具有异阶的混沌现象是普遍存在的,例如桨鱼的掠食行为、人脑的活动和心肺系统等。最近,一些研究人员的重点已经转移到研究异阶混沌系统的同步问题上。考虑到混沌系统阶数的差异,异阶混沌系统的同步分类可以包括升阶同步和降阶同步。在后者中,可以通过降低高阶混沌系统的阶数以实现混沌同步控制。值得注意的是,异阶混沌系统同步的研究也取得了一些成就[43-46]。同时,降阶同步已应用于安全通信中[47]。

当前,在混沌理论的研究过程中,研究人员越来越重视混沌理论在实际工程中的应用,其中基于混沌理论的保密通信技术已经得到了深入的研究[25,48-49]。混沌保密通信大致可以分为3类:一是混沌信号直接用于加密通信;二是利用混沌同步进行保密通信;三是基于混沌序列的数字加密。其中,第二类的混沌同步保密通信是当前的研究热点,已逐渐发展成为一个新的研究领域。由于混沌保密通信具备较高的安全性,而且具备很强的抗破译性能和抗干扰性能,因此随着计算机技术和网络技术的迅速发展,混沌加密技术正逐步取代传统的加密技术。尽管目前研究人员在混沌安全通信方面取得了显著的成就,也提出了多种不同的混沌加密方案,比如混沌掩盖加密、混沌键控加密、混沌调制和扩频加密等,但是这些方案或多或少存在一些不足,可能潜在一些安全漏洞,并且很多方案只是停留在仿真阶段,距离实际的工程应用还比较遥远。其原因在于加密方和破译方之间的较量一直存在,使得电路实现混沌加密难以处理。同时,实际的电路同步也存在一些误差,这对高保真通信提出了更高的要求。因此,解决保密通信的关键还在于同步控制的准确性。

另外,随着电路系统的发展,对于混沌理论的探讨不再局限于数值仿真的范畴,可以通过硬件来产生所需的混沌信号,因而混沌理论在信号处理方面表现出了巨大的潜力。当前,主流的混沌硬件实现主要有模拟信号电路设计、现场可编程门阵列(FPGA)和数字信号处理技术(DSP)等方式。考虑到数值离散化和选取字节精度等因素,借助 FPGA 和 DSP 实现的混沌信号可能在一段时间后退化为周期信号,也就是说混沌存在退化效应。虽然理论上可以通过选择合适的采样周期等来降低退化概率,但并不能完全避免这一结果[50]。因此,模拟电路设计是作为验证系统是否能产生混沌信号的最有力手段。当前模拟电路实现混沌的方法主要有个性化设计、模块化设计和改造型模块化设计[51-53]。对于基于蔡氏电路改进而来的混沌电路,通常采用个性化设计方案来实现混沌电路设计,该方法的优点在于不需要很多的电路元器件,缺点在于要求设计者具备较高的电路分析能力,同时对其他传统混沌系统不具有通用性。因此,常用的洛伦兹(Lorenz)系统一般采用模块化设计,通常由变量比例变换、微积分电路和时间尺度变化等功能组成。然而,这种系统的缺点在于需要较多的元器件,但优点很明显——具备很强的通用性,可拓展到其他混沌系统。相较于基础型的模块化设计方案,改造型的模块化设计可省略微积分电路,通过状态方程和实际电路的状态微分方程对比,可计算出电路参数。这一方案同样具备通用性,同时元器件的数量也比较少。

在混沌电路的基础上,优化混沌系统和同步控制器的电路结构,对设计稳定的混沌电路同步实验来说至关重要。采取的基本思路是,基于电路理论的基础,同时在保证电路功能完整性的前提下,将电路设计得尽可能简单。通过优化电路设计,可以进一步减少因电路元件精度误差造成的混沌的不稳定性,同时电路成本也可以得到有效控制。另外,硬件电路调试也是一个比较烦琐和复杂的过程,考虑到混沌电路对系统初始值和电路参数的特别敏感性,即使在电路搭建过程中保证电路设计理论的完美性,也无法避免因工作环境因素等的干扰带来的实验结果的不可预测性。因此,电路仿真和物理实验对保证混沌电路能够实现和同步控制器设计的准确性起到了非常关键的作用。

1.2　国内外研究现状

1.2.1　混沌同步控制理论的研究现状

人们对混沌系统特性的认识逐渐清晰化,例如混沌系统变量轨迹的自相似结构以及内部包含多个不稳定的周期运动等,表明混沌系统具有丰富的动力学特性。同时由于混沌系统作为非线性系统的重要成员,对初始条件和参数具有高度敏感性,加上未来轨迹的不可预测性,导致混沌看似不可靠且难以利用,故而使混沌无法应用于工业领域。长期以来,如何控制混沌或者消除混沌成为混沌应用研究的主题。直到1990年,美国马里兰国立大学的E. Ott、C. Grelogi和J. A. Yorke三位科学家首次提出一种能够控制混沌运动的方法,称为OGY方法,该方法将小参量扰动项加入混沌系统中,使系统状态进入某个不动点。同时,该方法得到了混沌控制实验的有效验证,从此混沌控制成为非线性领域的一个研究热点。

通常混沌控制的主要目标在于:一是消除混沌现象;二是提取某种特定意义的混沌轨迹,可以将混沌应用于工业;三是产生混沌吸引子中所需的非周期轨道或者平衡点。混沌控制的方法可以分为反馈控制和无反馈控制两类。其中反馈控制方法包含基于OGY的各类方法、连续变量反馈控制方法、非线性反馈控制方法、自适应反馈方法和线性反馈等[54-57];无反馈控制方法包含神经网络方法、周期激励方法、相位调解方法和外部噪声方法等[58-59]。同时,混沌控制在电子线路、光学、通信和神经网络等应用领域都具有广阔的前景。

另外,混沌同步在非线性控制的研究中也起着极其重要的作用,其主要实现两个或者多个混沌系统状态轨迹的重构。截至目前,常用的同步控制模式如下:

1. 驱动-响应同步结构

利用变量替换,将驱动系统分解为稳定子系统和不稳定子系统,响应系统直接复制稳定子系统,进而实现同步。

2. 主动-被动同步结构

在驱动-响应同步的基础上,将自治非线性系统改写为非自治形式,并复制一个同样的系统,通过稳定性理论来实现两个系统的误差状态为零,即零点为系统的稳定点。

3. 耦合同步结构

在无须对驱动系统进行分解的基础上,不改变原有系统的动力学属性,在系统中添加具有耦合系数的耦合项,逐渐实现系统轨迹同步。

4. 连续变量反馈同步结构

取周期信号或者系统自带信号作为外部输入反馈信号,通过调节反馈信号权重值,最终实现混沌系统同步控制。

5. 自适应控制同步

借助自适应控制技术实现系统中参数的调整,达到混沌同步的目的。其中,参数的调整取决于两个方面,包括系统输出变量与期望值的差值,以及系统参数值与期望参数的差值。

6. 脉冲同步

在无须外界连续控制的作用下,通过非连续的脉冲信号,使其混沌同步。

其中,在混沌系统同步控制研究中,驱动-响应同步结构是同步的基本框架,在这种同步模式下,混沌同步的主旨是通过设计合适的同步控制器,迫使受控系统的状态变量曲线逼近驱动系统的状态变量轨迹,最后达到一致。由于混沌同步技术在工程技术中的潜在价值,这项技术引起了相关领域研究人员的关注[60-65]。自从 Pecora 和 Carroll 在混沌电路实验中成功实现了同步,科学工作者陆续提出了许多控制方法来实现两个相同结构或异结构的混沌同步。由于混沌系统的拓扑特性受混沌系统阶数的影响,因此该特性可被用于提高数据加密级别,并已应用于安全通信[47, 66]。近年来,科学工作者已经将注意力从研究相同阶混沌系统的同步转移到研究异阶混沌系统的同步,并在研究异阶混沌系统的同步上已经取得了不错的进展[67-69]。此外,考虑到混沌系统对参数变化异常敏感,在这种情况下,外部干扰和模型不确定性可能导致混沌的不稳定,并进一步影响混沌的原始轨道或引发新的未知混沌运动,因此研究不确定性混沌系统的同步是有意义的。当前,已经有一些研究成果出现,例如 Xu 等[68]分别从全阶和降阶的角度研究了包含不确定性的非自治混沌系统同步;Ahmad 等[70]提出了一种鲁棒的自适应控制方法来解决包含外部干扰影响的降阶混沌同步问题。

然而,在上述参考文献中,异阶混沌的同步仅限于渐近稳定性,未考虑有限时间稳定性。而稳定时间的不确定情形不符合实际应用的发展需求,特别是在网络数据加密和传输过程中。因此,异阶混沌同步的热点问题已经聚焦到研究异阶混沌系统有限时间同步上。最近,Cai 等[71]提出了两种控制方案,以确保异阶混沌系统的广义同步能够在有限的时间内实现。但是,其所设计的控制器仅适用于特殊的混沌模型,同时没有考虑系统的不确定性因素。为了考虑系统中未知参数对混沌同步的影响,Zhao 等[72]通过使用自适应主动控制方法和有限时间控制技术解决了异阶混沌系统的同步问题。另外,考虑到系统模型不确定性和外部非线性干扰的因素,Ahmad 等[73]在有限时间内通过非线性控制方法实现了异阶混沌的同步。通过对上述工作内容的分析,可以看出对混沌同步的研究主要集中在具有线性输入特性的控制器设计上。但是,由于物理条件的限制,提出的控制器输入可能是非线性的,这可能会导致系统出现意外结果。因此,一些研究考虑了控制器的非线性输入对混沌同步实验的影响[74-76]。查阅相关文献发现,在未知系统参数、内部模型不确定、存在外部非线性干扰和控制器非线性输入的情况下,不确定性的异阶混沌系统的有限时间同步尚未得到很好的讨论。

近年来,多混沌系统的同步已经引起了许多研究人员的关注,特别是在金融学、气象学、医学和安全通信[77]等领域。当前,对于多混沌系统的同步的研究主要针对的是具有不确定性或无不确定性的多混沌系统的各种同步问题,以实现多混沌系统同步的理论和实践结果,包括完全同步、组合同步[78]、复合同步[79]和复合组合同步[80]等。通常,多混沌系统的同步主要讨论以下两种类型的混沌同步模式:一种是仅选择一个系统作为驱动系统,与其余的多个混沌系统进行同步,这已在早期的文献中进行了广泛的研究。另一种是传递同步模式[81-83],这意味着选择了第一个驱动系统作为参考模型与第二个混沌系统进行同步,同时将第二个系统视为与第三个系统同步的驱动系统,依此类推。在集群混沌网络中,这种级联连接模型被视为信号安全通信的首选。一般而言,传递同步的模式更加复杂,基于传递同步的安全通信更好。基于上述的同步模式,众多学者已经提出了许多控制策略来实现这一目标,包括传统的滑模技术[83-84]、主动控制[85]和脉冲控制[86]等。但是考虑到实际工程的应用,上述对混沌同步的研究通常集中在渐近收敛上,而很少考虑有限时间收敛。

对于渐近同步,没有确切的时间期望,因此无法在严格的条件下用于实际场景。另外,有限时间控制策略表明了动力系统对外部干扰的鲁棒性[24, 87],因此一些相关文献对此类问题进行了研究,以实现有限时间同步。例如,Wang 等[88]设计了一个简单的控制器来实现统一混沌系统的有限时间同步;Vincent 等[89]提出的自适应反馈控制可以解决混沌系统的有限时间稳定问题;Tran 等[90]提出了一种基于观测器的有限时间控制器,以实现不确定混沌系统的投影同步。通过以上研究分析可以看出,大多数有限时间策略都集中在一对一同步模式上,然而多混沌系统的同步形式比一对一混沌系统同步更为复杂,并且多混沌系统的同步具有更广阔的应用前景,特别是在安全通信领域。如今研究多混沌系统的有限时间同步已经成为发展趋势。Chen 等[91-92]研究了多个异阶混沌系统和多个复变量混沌系统的有限时间同步问题。考虑到参数未知的影响，Sun 等[93-94]利用终端滑模控制方法实现了多混沌系统的双重组合和实变量组合的有限时间同步。然而，在上述的文章中很少讨论外部扰动的影响，而混沌同步的过程中不可避免地会受到外界环境的干扰。因此，混沌同步控制理论还需要不断地在实践环境中继续完善。

1.2.2 混沌同步的应用研究现状

在工程应用中，由于混沌具有对初始条件的敏感性、与噪声信号的类似性和不易破解等特性，因此其在信号检测、图像加密、神经网络、工业应用和经济等领域扮演了重要的角色。随着科学技术的日益发展，机电化越来越普及，然而机电设备的工作环境恶劣和超负荷等情况，导致机器故障率日益增高，往往一台机器出现故障，会引起整个生产线陷于停滞的严重后果。因此，为了保证社会生产的不断进步，降低工业设备的故障率，需要提取早期故障微弱信号，及早预判事故发生的可能性，最后做出合理的应对，从而保证工业领域正常和高效的生产。结合目前混沌在故障诊断领域的发展需求，王永生等[95]基于 Duffing 振子对初始值敏感特性这一信号检测方法提出了改进的小信号检测方案，并建立了系统仿真模型，通过实验验证了信号检测的准确性。许师凯等[96]针对故障信号微弱、难以提取等问题，提出了基于 Lorenz 混沌的弱信号检测方案，通过系统仿真和转子冲击故障检测实验验证了该方案的有效性。上述理论研究为准确检测信号提供了新思路，然而变化的工业环境和人为因素往往导致理论值与实际检测存在一定的差距，故上述方案还有待进一步优化。

安全可靠的网络通信对于日益发展的数字世界来说，其重要性不言而喻。由于混沌系统的天然随机性和不可预测性，相比较传统的基于数字密钥模式的加密方式而言，基于混沌同步的保密通信增强了抵抗外界破译加密信号的能力[97]，其保密通信模式常采用基于混沌同步的掩盖通信模型，如图 1.1 所示。

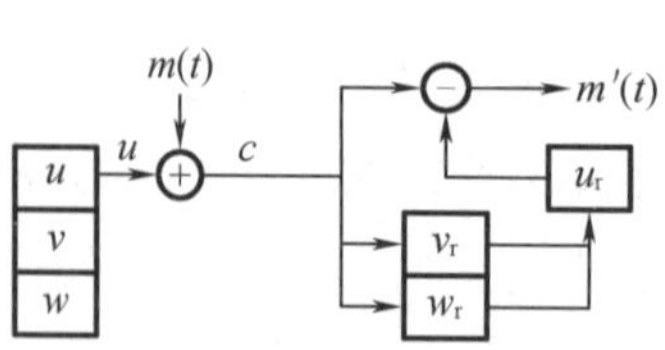

图 1.1 混沌同步的掩盖通信模型

如今图像信息在多媒体通信中扮演着重要的角色[97-98]，因此在网络传输环境中必须保证数字图像的安全。当图像较大且具有高分辨率时，常规的加密方案（例如 DES、AES 和 RSA）不能满足图像加密的要求[99-100]。在这方面，基于混沌的图像加密技术具有令人印象深刻的优势。基于混沌同步的图像保密通信框图如图 1.2 所示。

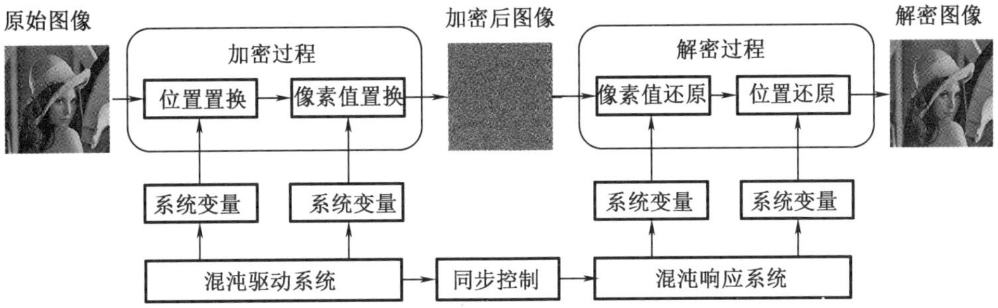

图 1.2　基于混沌同步的图像保密通信框图

近年来,基于忆阻器的混沌系统在安全通信中已经取得了一些成果[23,101-102]。为了进一步提高数字图像通信的安全性,特别是在加密领域,引入了 DNA 编码技术。例如,Wang 等[103]采用了一种通过将基于混沌序列的加密图像转换为基于 DNA 编码的加密序列的加密技术,从而避免了在公共通道上传输的数据包中包含易破解的密文的情形,但是没有考虑改变像素的位置,这可能会降低密文的安全性。因此,研究基于混沌的图像加密技术,还有一系列问题需要解决,例如抗干扰能力、混沌同步控制的准确性以及系统的鲁棒性等。当前的理论研究已经比较充分,但电路实验还需要进一步完善,因此混沌应用距离工业实施还有一段距离,其仍然是未来的研究趋势。

另外,随着混沌应用涉及的范围越来越广,混沌研究已进入人们广泛参与的社会和经济活动中,当前已经出现了一个新的学科分支,即混沌经济学。早在 20 世纪 80 年代初期,人们预测混沌与分形将作为预测研究的新方法。后期的关于"混沌与预测"的研讨会的召开,总结了不同领域的科学工作者的研究成果,标志着混沌在社会经济预测领域的应用前景非常广阔[104]。同时,一些新的基于混沌的经济预测理论研究成果也展现了出来,例如针对环境的多变性和复杂性,刘豹[105]提出了多种途径来提高预测能力[106]。考虑到企业竞争、股价变化和汇率等因素表现出来的包含混沌在内的复杂行为,在李雅普诺夫指数计算方法的基础上,盛昭瀚等[106]研究了系统相空间的重构技术,提高了管理科学复杂性的挑战。随着对混沌认识的不断深入,未来人们将更好地利用混沌知识开辟新的未知领域。

1.2.3　混沌同步电路实现的研究现状

当前,研究混沌同步的电路实现主要集中在基于忆阻器混沌同步的硬件电路实现上,而忆阻器作为具有记忆特性的非线性元件,虽然仍处在实验室研究阶段,但在非易失性存储器和神经网络等领域表现出巨大的潜力,同时基于忆阻器的混沌电路具有较好的混沌曲线特性,能够用于生成随机二进制序列。因此,忆阻器在混沌系统中的应用逐步引起了科学工作者的注意。在已知的电路变量关系图中,由于在电流、电压、磁通量和电荷之间的关系中缺乏磁通量和电荷的相关性,其相关变量之间的关系如图1.3所示。

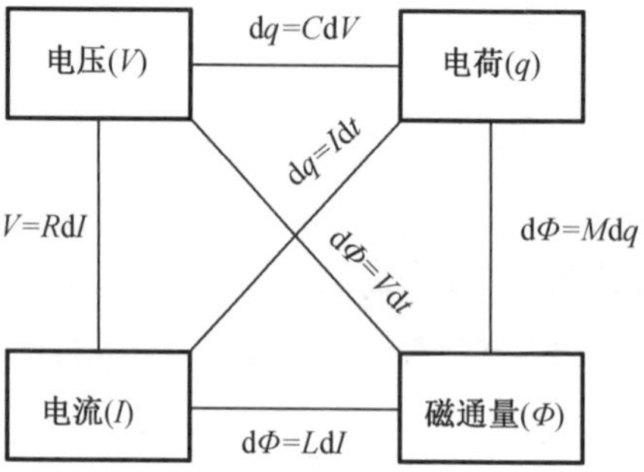

图1.3　四种电路变量相互关系

因此,早在1971年,研究人员考虑到对称性,最初假定了第四种基本元素的存在,推断出磁通量和电荷的关系,这被认为是新颖的元件,即忆阻器[107]。它在电路实验中不同于其他三种基本电子元器件(电容器、电阻器和电感器)。后来,在2008年,HP实验室通过实验验证了忆阻器的实际存在[108]。忆阻器电路符号如图1.4所示。

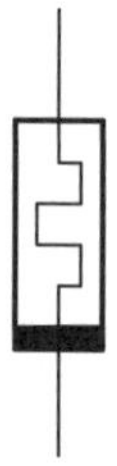

图1.4　忆阻器电路符号

众所周知,忆阻器是具有非挥发性和电阻非线性特性的两端有源或无源器件。因此,通过测量忆阻器的电阻,可以知道流经忆阻器的电荷量,从而体现出其记忆特性,其 $I-V$ 曲线可以显示出一个滞后回线,该回线随频率差和输入信号脉冲宽度的变化而变化。如今,众多学者已经将忆阻器的工作频率探索到了高频阶段[109],而传统的接地忆阻器逐渐被浮动忆阻器所取代,而浮动忆阻器可以不受限制地用于构建串联或并联电路[110]。基于忆阻器的本质特性,忆阻器的可扩展人工应用已经深入各个专业领域,例如混沌电路[17, 111]、信息存储[112]和人工神经网络[113-115]等。由于带有忆阻器的混沌电路比其他非忆阻器混沌电路具有更复杂的动态行为,因此研究人员提出了各种忆阻器模型来代替混沌电路中的非线性器件,例如分段线性模型[22]、二次型非线性模型[116]和三次型非线性模型[17]等。目前,关于忆阻器的研究已从单一元件发展到多个忆阻器组合,其中串行或并行方式的多个忆阻器组件集已经引起了研究人员的极大关注,它们可以表现出更多的复合行为,并通过连接到电路系统来进一步改变系统的原始特性[117-118]。鉴于忆阻器的电路特性和非线性特性,其应用前景非常令人振奋,并且越来越多的基于忆阻器的混沌电路被提出来,这些电路表现出复杂的混沌行为[24, 119-122]。其中,最早的基于忆阻器的混沌模型是由忆阻器替代蔡氏二极管而来的,如图 1.5 所示。

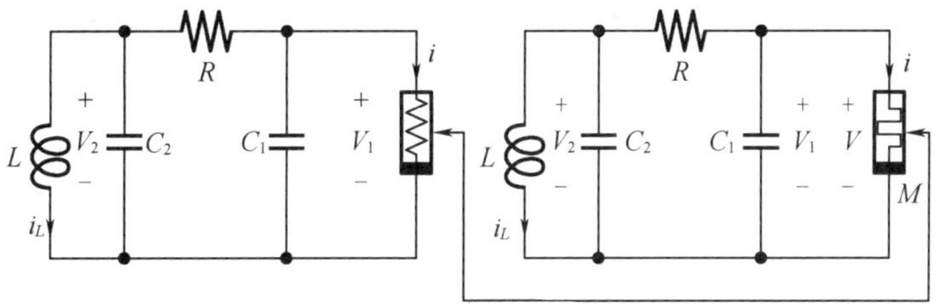

图 1.5　基于忆阻器的混沌模型

目前学者们关注的重点是利用忆阻器元件实现新型混沌电路。由于混沌的可控性及其在安全通信中的广泛应用,基于忆阻器的混沌系统的同步问题研究在数值仿真的基础上取得了很大的进步[23, 79, 93, 101, 123-124]。例如,参考文献[125]得到了一个基于脉冲控制方法的充分条件来满足两个相同的基于忆阻器的混沌电路的同步;参考文献[126]设计了一种自适应控制算法用于实现基于忆阻器的参数未知的 Chua 电路的同步;参考文献[127]利用一种简化的控制器去实现两个相同的基于忆阻器的混沌系统之间的同步,且该同步系统已应用于彩色图像的保密通信。截至目前,学者们已经采取了多种控制手段来实现基于忆阻器的混沌系统的同步控制,例如最优控制[128]、滑模控制[129]和模糊控制[130]等。另外,基于电路仿真,学者们通过实验已经取得了一些基于忆阻器的混沌同步控制的成就,以证明混沌同步控制电路的可行性。例如,Kountchou 等[128]提出了一种最优控制策略,该策略通过使用 Pspice 模拟元件来完成两个忆阻器混沌电路的同步实验。然而,鉴于混沌电路实现的复杂性和理想控制器的设计难度,目前很少有学者研究基于忆阻器的混沌同步控制的硬件电路实验。因此,着眼于实际应用场景,研究基于忆阻器混沌同步的硬件电路实验具有重要的意义。

1.3　主要工作及内容安排

本书结合传统混沌系统以及基于忆阻器的混沌系统的理论研究,通过不同的理论控制方法,实现了混沌系统的同步控制。并且研究了未知参数、模型不确定和外界干扰等情况下的异阶混沌系统的同步控制。同时,推广到对多个混沌系统的同步控制研究,对未知参数的观测有助于研究不确定性因素对混沌同步控制的影响。对基于忆阻器的混沌电路和同步控制器设计的研究,能够进一步分析混沌信号的物理实现机制,以对未来新混沌系统的电路实现和控制提供指导。为了增强基于混沌同步安全通信的可靠性,本书还研究了混沌同步控制对信号加密传输的影响,有助于提高加密信号的抗破译能力。

具体的研究内容安排如下:

第 1 章为绪论,对混沌的研究背景和研究意义进行了详细的阐述,同时总结了国内外对混沌同步控制、应用和电路实现等方面的研究进展,简要介绍了本书的主要工作和内容安排。

第 2 章着重研究了 Rabinovich 系统与超混沌 Rabinovich 系统的同步。首先,介绍了 Rabinovich 系统和超混沌 Rabinovich 系统的系统模型。其次,分别以降阶和升阶方式,利用滑模控制和无源控制两种方法实现了异阶 Rabinovich 系统的同步控制,通过数值仿真,揭示了所提出的控制器可以实现异阶 Rabinovich 系统同步,并分析了两种控制方法的优劣。

第 3 章研究了混沌系统中未知的参数、建模过程中的不确定性、周围环境的非线性干扰以及控制器的非线性输入等不确定因素对混沌同步的影响。通过设计终端滑模控制器和具有自适应律的有限时间同步控制器,实现了异阶混沌同步控制。通过数值仿真,演示了混沌同步误差系统状态变量可以在有限时间内收敛到零,进一步表明了所提出的控制器对于实现异阶混沌同步控制是有效的。同时,通过设计的自适应率,保证了未知项的估计可以收敛到固定常数。

第 4 章研究了两种多混沌系统同步模式,实现了多混沌系统的有限时间同步控制。通过设计超螺旋观测器可以在有限的时间内正确估计未知项的真实值,且所提出的控制器可以保证混沌误差系统的收敛性和稳定性。通过仿真实例,演示了提出的同步控制算法的有效性,并验证了理论结果的正确性。最后,进行了基于混沌同步安全通信实验,验证了基于多混沌系统同步的安全通信方案的可行性。

第 5 章设计了一种单一反馈控制器,实现了基于忆阻器的混沌同步控制。与常规的多控制输入方法不同,该方案的控制器输入数量少,结构相对简单。基于劳思-赫尔维茨(Routh-Hurwitz)稳定判据和最小相位系统理论,给出了系统稳定性的充分条件,以保证两个混沌系统的状态轨迹可以渐近同步。此外,数值仿真结果表明了理论分析的正确性,以及所提出的控制方案的有效性。最后,基于 DNA 编码规则,验证了基于混沌同步的彩色图像保密通信方案的可行性,并增强了图像在传输过程中的安全性。

第 6 章研究了基于忆阻器混沌同步控制电路的硬件实现及其安全通信应用。通过电路仿真和电路实验，证明了所提出的控制方法对于实现基于忆阻器混沌同步控制电路是有效的。同时，进行了基于忆阻器混沌同步电路的信号保密通信实验，其结果验证了该保密通信方案在实际电路应用中的可行性。

最后一章，作为总结和展望部分，总结了本书的主要创新工作，指明了下一步将要进行的工作。

第 2 章　异阶 Rabinovich 系统的混沌同步控制

2.1 引　　言

与熟知的 Lorenz 系统相似，Rabinovich 系统也是一个三阶混沌系统，但是具有不同的拓扑结构。Emirolu 等[131]提出了一种无源控制方法来实现控制 Rabinovich 混沌系统。往往高阶的混沌系统比低阶的混沌系统具有更大的随机性，且更难以控制，这一特性引起了学者们的广泛关注。因此，研究超混沌 Rabinovich 系统比三阶的 Rabinovich 混沌系统更具有挑战性和实际意义。查阅文献，Kocamaz 等[132]分别通过线性反馈控制、滑模控制和无源控制方法，实现了超混沌 Rabinovich 系统的控制。同时，Ojo 等[133]将超混沌 Rabinovich 系统的同步应用于安全通信领域。

截至目前，尽管通过无源控制和滑模控制方法已经对相同阶的 Rabinovich 系统进行了深入的研究，但在现实生活中，相互作用的混沌系统往往具有不同的阶数，这给研究异阶混沌同步控制带来了未知性。同时，研究异阶混沌同步控制比研究相同阶混沌同步控制更具现实意义。目前，尚未发现有人采用无源控制和滑模控制方法来研究 Rabinovich 系统与超混沌 Rabinovich 系统之间的同步控制问题。

基于以上分析，本章着重研究基于无源控制和滑模控制方法来实现异阶的 Rabinovich 系统同步控制。

2.2 异阶 Rabinovich 系统的混沌模型描述

1978 年，Pikovskii 等[134]提出了 Rabinovich 系统，其微分方程定义如下：

$$\begin{cases} \dot{x}_1 = -ax_1 + hx_2 + x_2x_3 \\ \dot{x}_2 = hx_1 - bx_2 - x_1x_3 \\ \dot{x}_3 = -dx_3 + x_1x_2 \end{cases} \tag{2.1}$$

其中，x_1、x_2 和 x_3 是系统的状态变量。

当系统的参数选择为 $a=4, b=1, d=1, h=6.75$ 时，系统可以呈现出混沌行为。

另外，当系统(2.1)的初始条件选择为 $x_1(0)=5, x_2(0)=3, x_3(0)=1$ 时，通过数值仿真，Rabinovich 系统的三维相平面如图 2.1 所示。

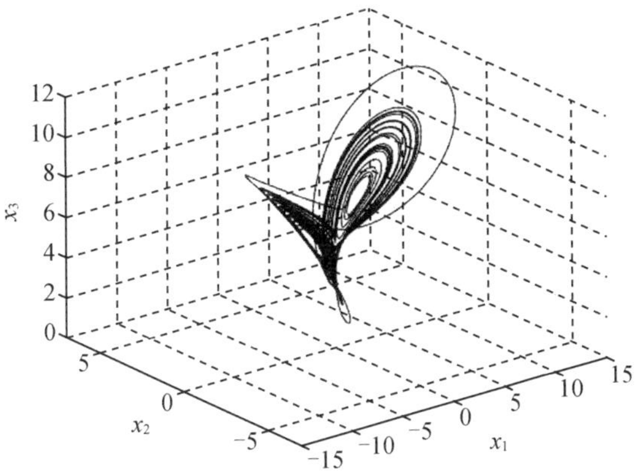

图 2.1　Rabinovich 系统的三维相平面

通过向三阶 Rabinovich 系统添加线性控制，可以生成一种新的四阶超混沌 Rabinovich 系统[16]，其状态方程如下：

$$\begin{cases} \dot{y}_1=-ay_1+hy_2+y_2y_3 \\ \dot{y}_2=hy_1-by_2-y_1y_3+y_4 \\ \dot{y}_3=-dy_3+y_1y_2 \\ \dot{y}_4=-ky_2 \end{cases} \tag{2.2}$$

其中，y_1、y_2、y_3 和 y_4 是状态变量。

当系统(2.2)的参数选择为 $a=4, b=1, d=1, h=6.75, k=2$，其初始条件为 $y_1(0)=5, y_2(0)=3, y_3(0)=1, y_4(0)=1$ 时，系统可表现出超混沌行为，其超混沌 Rabinovich 系统的相平面如图 2.2 所示。

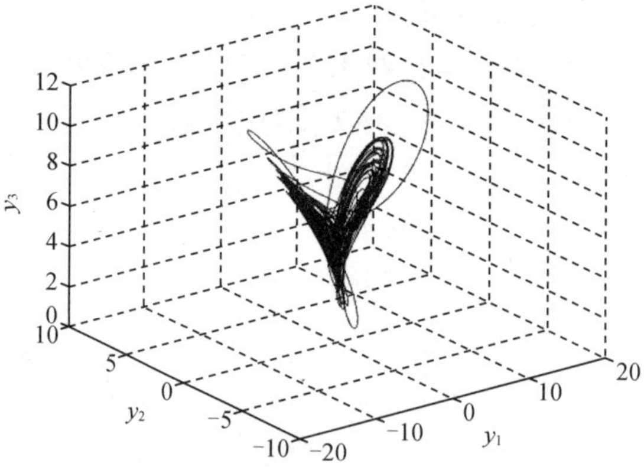

(a) y_1-y_2-y_3 相平面

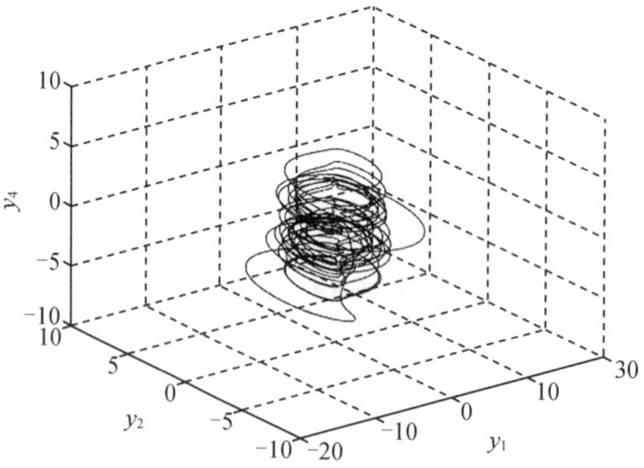

(b) y_1-y_2-y_4 相平面

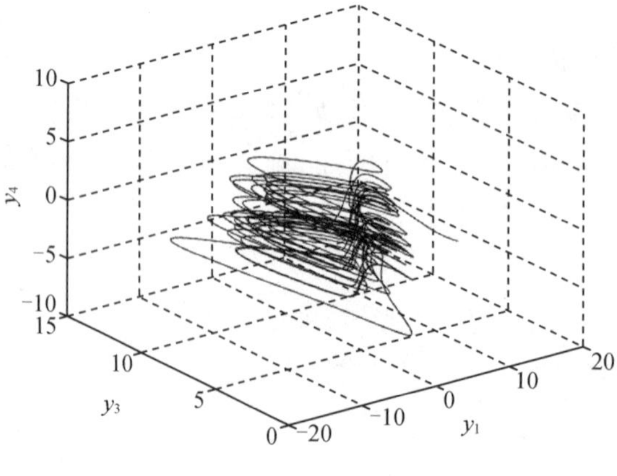

(c) y_1-y_3-y_4 相平面

图 2.2　超混沌 Rabinovich 系统的相平面

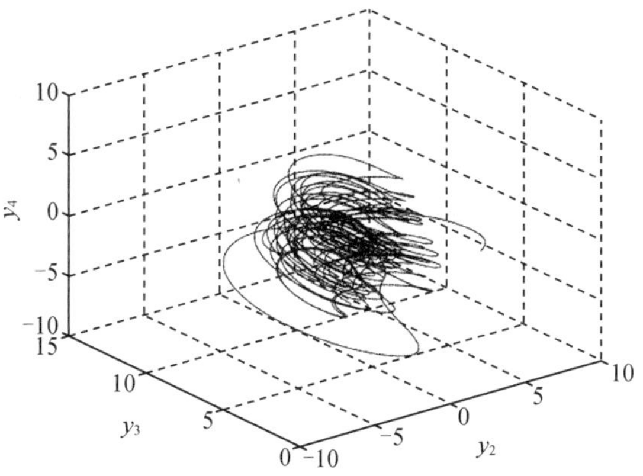

(d) y_2-y_3-y_4 相平面

图 2.2(续)

2.3　异阶 Rabinovich 系统的混沌同步控制

针对异阶 Rabinovich 系统的混沌同步控制问题,本节从降阶同步和升阶同步出发,利用无源控制方法和滑模控制方法分别实现异阶 Rabinovich 系统的混沌同步控制。

2.3.1　一种异阶 Rabinovich 系统降阶同步的控制器设计

在本小节中,无源控制方法和滑模控制方法分别用于实现异阶降阶同步控制。

1. 降阶同步的无源控制器设计

为了实现超混沌 Rabinovich 系统与 Rabinovich 系统之间降阶同步的目标,一种无源控制方法被提出来,其中以系统(2.2)作为驱动系统,以相应的三阶 Rabinovich 系统作为响应系统,如下所示:

$$\begin{cases}\dot{x}_1=-ax_1+hx_2+x_2x_3\\ \dot{x}_2=hx_1-bx_2-x_1x_3+u_1\\ \dot{x}_3=-dx_3+x_1x_2+u_2\end{cases} \tag{2.3}$$

其中,u_1 和 u_2 为控制器。

将驱动系统和响应系统之间的状态误差定义为 $e_1=x_1-y_1$,$e_2=x_2-y_2$,$e_3=x_3-y_3$,那么误差系统如下:

$$\begin{cases}\dot{e}_1=-ae_1+he_2+x_2e_3+x_3e_2-e_2e_3\\ \dot{e}_2=he_1-be_2-x_1e_3-x_3e_1+e_1e_3-y_4+u_1\\ \dot{e}_3=-de_3+x_1e_2+x_2e_1-e_1e_2+u_2\end{cases} \tag{2.4}$$

假设状态变量 e_2 和 e_3 作为系统输出，令 $Z=e_1$，$Y_1=e_2$，$Y_2=e_3$，$\boldsymbol{Y}=[Y_1,Y_2]^{\mathrm{T}}$，系统(2.4)可以用标准形式重写为

$$\begin{cases}\dot{Z}=-aZ+hY_1+x_2Y_2+x_3Y_1-Y_1Y_2\\ \dot{Y}_1=hZ-bY_1-x_1Y_2-x_3Z+ZY_2-y_4+u_1\\ \dot{Y}_2=-dY_2+x_1Y_1+x_2Z-ZY_1+u_2\end{cases} \tag{2.5}$$

根据无源控制理论的如下标准形式：

$$\begin{cases}\dot{z}=f_0(z)+\boldsymbol{p}(z,y)y\\ \dot{y}=\boldsymbol{b}(z,y)+\boldsymbol{a}(z,y)u\end{cases} \tag{2.6}$$

可知

$$f_0(z)=-\boldsymbol{a}Z \tag{2.7}$$

$$\boldsymbol{p}(z,y)=[h+x_3 \quad -Y_1+x_2] \tag{2.8}$$

$$\boldsymbol{b}(z,y)=\begin{bmatrix}hZ-bY_1-x_1Y_2-x_3Z+ZY_2-y_4\\ -dY_2+x_1Y_1+x_2Z-ZY_1\end{bmatrix} \tag{2.9}$$

$$\boldsymbol{a}(z,y)=\begin{bmatrix}1 & 0\\ 0 & 1\end{bmatrix} \tag{2.10}$$

为了满足闭环系统的无源性要求，选择存储函数为

$$\boldsymbol{V}(z,y)=W(z)+\frac{1}{2}\boldsymbol{y}^{\mathrm{T}}\boldsymbol{y} \tag{2.11}$$

其中

$$W(z)=\frac{1}{2}Z^2 \tag{2.12}$$

当外部约束 $y=0$ 时，式(2.6)的零动态系统为 $\dot{z}=f_0(z)$，那么

$$\dot{W}(z)=\frac{\partial W(z)}{\partial z}f_0(z)=Zf_0(z)=-\boldsymbol{a}Z^2 \tag{2.13}$$

根据式(2.12)、式(2.13)，可知 $W(z)\geqslant 0$ 和 $\dot{W}(z)\leqslant 0$。因此，$W(z)$ 是 $f_0(z)$ 的李雅普诺夫函数，且函数 $f_0(z)$ 是全局渐近稳定的。也就是说，误差系统(2.4)的零动态是李雅普诺夫稳定的，即误差系统(2.4)是最小相位系统。同时，$\boldsymbol{L}_g\boldsymbol{h}(0)=\begin{bmatrix}1 & 0\\ 0 & 1\end{bmatrix}\neq 0$，即 $\boldsymbol{L}_g\boldsymbol{h}(0)$ 是非奇异的，且误差系统(2.4)具有相对度{1,…,1}。因此，误差系统

(2.4)可以等效于无源系统,那么

$$\frac{\mathrm{d}}{\mathrm{d}t}\boldsymbol{V}(z,y)=\frac{\partial}{\partial z}W(z)\,\dot{z}+\dot{\boldsymbol{y}}^{\mathrm{T}}\boldsymbol{y}$$

$$=\frac{\partial}{\partial z}W(z)f_0(z)+\frac{\partial}{\partial z}W(z)\boldsymbol{p}(z,y)y+[\boldsymbol{b}(z,y)+\boldsymbol{a}(z,y)u]y \tag{2.14}$$

其中

$$\frac{\partial}{\partial z}W(z)f_0(z)\leqslant 0 \tag{2.15}$$

式(2.14)可变为

$$\frac{\mathrm{d}}{\mathrm{d}t}\boldsymbol{V}(z,y)=\frac{\partial}{\partial z}W(z)\,\dot{z}+\dot{\boldsymbol{y}}^{\mathrm{T}}\boldsymbol{y}$$

$$\ll\frac{\partial}{\partial z}W(z)\boldsymbol{p}(z,y)y+[\boldsymbol{b}(z,y)+\boldsymbol{a}(z,y)u]y \tag{2.16}$$

为了满足系统无源要求,选择以下反馈控制器:

$$u=\boldsymbol{a}^{-1}(z,y)\left\{-\boldsymbol{b}(z,y)-\left[\frac{\partial W(z)}{\partial z}\boldsymbol{p}(z,y)\right]^{\mathrm{T}}-\alpha y+\boldsymbol{\nu}\right\} \tag{2.17}$$

其中,α 是一个正常数;$\boldsymbol{\nu}$ 是与参考输入有关的外部输入信号。

将式(2.17)代入式(2.16)得

$$\frac{\mathrm{d}}{\mathrm{d}t}\boldsymbol{V}(z,y)\leqslant-\alpha\boldsymbol{y}^{\mathrm{T}}\boldsymbol{y}+\boldsymbol{\nu}^{\mathrm{T}}\boldsymbol{y} \tag{2.18}$$

对式(2.18)进行积分得

$$\boldsymbol{V}(z,y)-\boldsymbol{V}(z_0,y_0)\leqslant-\int_0^t\alpha\boldsymbol{y}^{\mathrm{T}}(\tau)y(\tau)\,\mathrm{d}\tau+\int_0^t\boldsymbol{\nu}^{\mathrm{T}}(\tau)y(\tau)\,\mathrm{d}\tau \tag{2.19}$$

根据式(2.11),可知 $V(z,y)\geqslant 0$。假设 $\boldsymbol{\mu}=V(z_0,y_0)$,式(2.19)可简化为

$$\int_0^t\boldsymbol{\nu}^{\mathrm{T}}(\tau)y(\tau)\,\mathrm{d}\tau+\boldsymbol{\mu}\geqslant\int_0^t\alpha\boldsymbol{y}^{\mathrm{T}}(\tau)y(\tau)\,\mathrm{d}\tau \tag{2.20}$$

因此,关于存储函数 $\boldsymbol{V}(z,y)$ 的误差系统(2.4)是输出严格无源的。

根据式(2.12),可知 $W(z)$ 是径向无界的。又根据式(2.11),可知 $\boldsymbol{V}(z,y)$ 也是径向无界的。因此,提出的反馈控制器(2.17)可以使误差系统(2.4)的状态轨迹到达零点。

另外,式(2.17)可以改写为

$$u=[-2hZ+(b-\alpha)Y_1+x_1Y_2-ZY_2+y_4(d-\alpha)Y_2-x_1Y_1-2x_2Z+2ZY_1]+\nu \tag{2.21}$$

当外部信号 $\nu=0$ 时,有

$$\begin{cases}u_1=-2he_1+(b-\alpha)e_2+x_1e_3-e_1e_3+y_4\\ u_2=(d-\alpha)e_3-x_1e_2-2x_2e_1+2e_1e_2\end{cases} \tag{2.22}$$

因此,式(2.22)可以保证误差系统(2.4)的全局渐近稳定性。

2. 降阶同步的滑模控制器设计

将滑模控制方法用于降阶同步控制。其中,驱动系统仍为系统(2.2),响应系统如下:

$$\begin{cases}\dot{x}_1=-ax_1+hx_2+x_2x_3+u_1\\ \dot{x}_2=hx_1-bx_2-x_1x_3+u_2\\ \dot{x}_3=-dx_3+x_1x_2+u_3\end{cases} \tag{2.23}$$

其中,u_1、u_2 和 u_3 作为控制器。

驱动系统和响应系统之间的状态误差定义为 $e_1=x_1-y_1$, $e_2=x_2-y_2$, $e_3=x_3-y_3$,那么式(2.23)减式(2.2)得

$$\begin{cases}\dot{e}_1=-ae_1+he_2+x_2x_3-y_2y_3+u_1\\ \dot{e}_2=he_1-be_2-x_1x_3+y_1y_3-y_4+u_2\\ \dot{e}_3=-de_3+x_1x_2-y_1y_2+u_3\end{cases} \tag{2.24}$$

式(2.24)可以用如下矩阵表示法重写为

$$\dot{\boldsymbol{e}}=\boldsymbol{Ae}+\boldsymbol{\eta}(x,y)+\boldsymbol{u} \tag{2.25}$$

其中,

$$\boldsymbol{A}=\begin{bmatrix}-a & h & 0\\ h & -b & 0\\ 0 & 0 & -d\end{bmatrix} \tag{2.26}$$

$$\boldsymbol{\eta}(x,y)=\begin{bmatrix}x_2x_3-y_2y_3\\ -x_1x_3+y_1y_3-y_4\\ x_1x_2-y_1y_2\end{bmatrix} \tag{2.27}$$

$$\boldsymbol{u}=\begin{bmatrix}u_1\\ u_2\\ u_3\end{bmatrix} \tag{2.28}$$

根据滑模控制理论,选择控制信号 $\boldsymbol{u}$ 为

$$\boldsymbol{u}=-\boldsymbol{\eta}(x,y)+\boldsymbol{Bv}(t) \tag{2.29}$$

其中,矩阵 $\boldsymbol{B}$ 是可变常矩阵。

将式(2.29)代入式(2.25),可得

$$\dot{e}=\boldsymbol{Ae}+\boldsymbol{Bv}(t) \tag{2.30}$$

根据劳思-赫尔维茨稳定判据,为了满足矩阵$[\boldsymbol{I}-\boldsymbol{B}(\boldsymbol{CB})^{-1}\boldsymbol{C}]\boldsymbol{A}$ 的所有特征值均具有负实部,选择 $\boldsymbol{B}=[0\quad 1\quad 1]^{\mathrm{T}}$,$\boldsymbol{C}=[2\quad 2\quad -1]$。选择滑模面为

$$s=\boldsymbol{Ce} \tag{2.31}$$

指数趋近律设为

$$\dot{s}=-q\text{sign}(s)-ks \tag{2.32}$$

其中，q 和 k 均为正实数。

根据式(2.30)至式(2.32)，可得

$$\boldsymbol{v}(t)=-(\boldsymbol{CB})^{-1}[\boldsymbol{C}(k\boldsymbol{I}+\boldsymbol{A})\boldsymbol{e}+q\text{sign}(s)] \tag{2.33}$$

因此，滑模控制信号 $\boldsymbol{u}$ 可改写为

$$\begin{cases} u_1=-x_2x_3+y_2y_3 \\ u_2=x_1x_3-y_1y_3+y_4+v(t) \\ u_3=-x_1x_2+y_1y_2+v(t) \end{cases} \tag{2.34}$$

也就是说，在滑模控制器(2.34)的条件下，可以实现误差系统(2.24)状态轨迹的渐进收敛。

2.3.2　一种异阶 Rabinovich 系统升阶同步的控制器设计

在本小节中，无源控制方法和滑模控制方法分别用于实现升阶同步控制。

1. 升阶同步的无源控制器设计

为了实现 Rabinovich 系统与超混沌 Rabinovich 系统之间升阶同步的目标，将无源控制方法应用于上述混沌升阶同步。其中，系统(2.1)作为驱动系统，那么响应系统为

$$\begin{cases} \dot{y}_1=-ay_1+hy_2+y_2y_3 \\ \dot{y}_2=hy_1-by_2-y_1y_3+y_4+u_1 \\ \dot{y}_3=-dy_3+y_1y_2+u_2 \\ \dot{y}_4=-ky_2+u_3 \end{cases} \tag{2.35}$$

其中，u_1、u_2 和 u_3 是控制输入。

将驱动系统和响应系统的状态误差系统定义为 $e_1=y_1-x_1$，$e_2=y_2-x_2$，$e_3=y_3-x_3$，$e_4=y_4-0$，那么系统(2.35)减系统(2.1)有

$$\begin{cases} \dot{e}_1=-ae_1+he_2+x_2e_3+x_3e_2+e_2e_3 \\ \dot{e}_2=he_1-be_2-x_1e_3-x_3e_1-e_1e_3+y_4+u_1 \\ \dot{e}_3=-de_3+x_1e_2+x_2e_1+e_1e_2+u_2 \\ \dot{e}_4=-ky_2+u_3 \end{cases} \tag{2.36}$$

设定系统状态变量 e_2、e_3 和 e_4 为系统输出量，且 $Z=e_1$，$Y_1=e_2$，$Y_2=e_3$，$Y_3=e_4$，$\boldsymbol{Y}=[Y_1,Y_2,Y_3]^{\mathrm{T}}$，则系统(2.36)可以用标准形式重写为

$$\begin{cases}Z=-aZ+hY_1+x_2Y_2+x_3Y_1+Y_1Y_2\\ Y_1=hZ-bY_1-x_1Y_2-x_3Z-ZY_2+y_4+u_1\\ Y_2=-dY_2+x_1Y_1+x_2Z+ZY_1+u_2\\ Y_3=-ky_2+u_3\end{cases} \tag{2.37}$$

根据式(2.37),可得

$$f_0(z)=-aZ \tag{2.38}$$

$$\boldsymbol{p}(z,y)=[h+x_3\quad -Y_1+x_2\quad 0] \tag{2.39}$$

$$\boldsymbol{b}(z,y)=\begin{bmatrix}hZ-bY_1-x_1Y_2-x_3Z-ZY_2+w_2\\ dY_2+x_1Y_1+x_2Z+ZY_1\\ -ky_2\end{bmatrix} \tag{2.40}$$

$$\boldsymbol{a}(z,y)=\begin{bmatrix}1&0&0\\0&1&0\\0&0&1\end{bmatrix} \tag{2.41}$$

为了满足闭环系统的无源性,选择存储函数为

$$V(z,y)=W(z)+\frac{1}{2}\boldsymbol{y}^{\mathrm{T}}\boldsymbol{y} \tag{2.42}$$

其中

$$W(z)=\frac{1}{2}Z^2 \tag{2.43}$$

$W(z)$是$f_0(z)$的李雅普诺夫函数,并且$W(0)=0$,则$W(z)$关于时间t的导数为

$$\dot{W}(z)=\frac{\partial W(z)}{\partial z}f_0(z)=Zf_0(z)=-aZ^2 \tag{2.44}$$

同理降阶同步的无源控制方法,我们可以得到反馈控制器为

$$\begin{aligned}\boldsymbol{u}&=\boldsymbol{a}^{-1}(z,y)\left\{-\boldsymbol{b}(z,y)-\left[\frac{\partial W(z)}{\partial z}\boldsymbol{p}(z,y)\right]^{\mathrm{T}}-\alpha y+\nu\right\}\\&=\begin{bmatrix}-2hZ+(b-\alpha)Y_1+x_1Y_2+ZY_2-y_4\\ (d-\alpha)Y_2-x_1Y_1-2x_2Z-2ZY_1\\ ky_2-\alpha Y_3\end{bmatrix}+\nu\end{aligned} \tag{2.45}$$

其中,当外部信号$\nu=0$时,式(2.45)可以重写为

$$\begin{cases}u_1=-2he_1+(b-\alpha)e_2+x_1e_3+e_1e_3-y_4\\ u_2=(d-\alpha)e_3-x_1e_2-2x_2e_1-2e_1e_2\\ u_3=ky_2-\alpha e_4\end{cases} \tag{2.46}$$

因此,在无源控制器(2.46)的作用下,误差系统(2.36)可以实现全局渐近稳定。

2. 升阶同步的滑模控制器设计

将滑模控制应用于混沌升阶同步，设定超混沌 Rabinovich 系统作为响应系统，三阶 Rabinovich 系统作为驱动系统。其中，驱动系统仍为(2.1)，响应系统可写为

$$\begin{cases}\dot{y}_1=-ay_1+hy_2+y_2y_3+u_1\\ \dot{y}_2=hy_1-by_2-y_1y_3+y_4+u_2\\ \dot{y}_3=-dy_3+y_1y_2+u_3\\ \dot{y}_4=-ky_2+u_4\end{cases} \tag{2.47}$$

定义为 $e_1=y_1-x_1, e_2=y_2-x_2, e_3=y_3-x_3, e_4=y_4-0$，那么误差状态方程为

$$\begin{cases}\dot{e}_1=-ae_1+he_2+x_2e_3+x_3e_2+e_2e_3+u_1\\ \dot{e}_2=he_1-be_2-x_1e_3-x_3e_1-e_1e_3+y_4+u_2\\ \dot{e}_3=-de_3+x_1e_2+x_2e_1+e_1e_2+u_3\\ \dot{e}_4=-ky_2+u_4\end{cases} \tag{2.48}$$

式(2.48)可重写为

$$\dot{e}=\boldsymbol{Ae}+\boldsymbol{\eta}(x,y)+\boldsymbol{u} \tag{2.49}$$

其中

$$\boldsymbol{A}=\begin{bmatrix}-a & h & 0 & 0\\ h & -b & 0 & 0\\ 0 & 0 & -d & 0\\ 0 & 0 & 0 & 0\end{bmatrix} \tag{2.50}$$

$$\boldsymbol{\eta}(x,y)=\begin{bmatrix}y_2y_3-x_2x_3\\ -y_1y_3+x_1x_3+y_4\\ y_1y_2-x_1x_2\\ -ky_2\end{bmatrix} \tag{2.51}$$

$$\boldsymbol{u}=\begin{bmatrix}u_1\\ u_3\\ u_3\\ u_4\end{bmatrix} \tag{2.52}$$

设计的滑模控制信号 $\boldsymbol{u}$ 方程式为

$$\boldsymbol{u}=-\boldsymbol{\eta}(x,y)+\boldsymbol{Bv}(t) \tag{2.53}$$

其中，矩阵 $\boldsymbol{B}$ 是可变常数。

将式(2.53)代入式(2.49)，可得

$$\dot{e}=\boldsymbol{Ae}+\boldsymbol{Bv}(t) \tag{2.54}$$

根据劳思-赫尔维茨稳定判据,为了满足矩阵$[\boldsymbol{I}-\boldsymbol{B}(\boldsymbol{CB})^{-1}\boldsymbol{C}]\boldsymbol{A}$的所有特征值均为负实部的要求,选择$\boldsymbol{B}=[0\quad 1\quad 1\quad 1]^{\mathrm{T}}$,$\boldsymbol{C}=[-1\quad -2\quad 0\quad 1]$。

同理应用降阶同步滑模趋近率方法,可得

$$\boldsymbol{v}(t)=-(\boldsymbol{CB})^{-1}[\boldsymbol{C}(k\boldsymbol{I}+\boldsymbol{A})\boldsymbol{e}+q\mathrm{sign}(s)] \tag{2.55}$$

式(2.55)可以重写为

$$\begin{cases}u_1=x_2x_3-y_2y_3\\u_2=-x_1x_3+y_1y_3-y_4+v(t)\\u_3=x_1x_2-y_1y_2+v(t)\\u_4=ky_2+v(t)\end{cases} \tag{2.56}$$

因此,通过滑模控制器(2.56)可以实现误差系统(2.48)状态轨迹的渐近稳定。

2.3.3 数值仿真

在本节中,通过数值仿真来演示异阶 Rabinovich 系统的降阶同步和升阶同步。在仿真示例中,采用四阶 Runge-Kutta 方法,时间步长选择为 0.01,且三阶 Rabinovich 系统和超混沌 Rabinovich 系统的初始条件设为$x_1(0)=5$,$x_2(0)=3$,$x_3(0)=1$,$y_1(0)=1$,$y_2(0)=-2$,$y_3(0)=4$,$y_4(0)=-4$。另外,在无源控制方法中,控制器的信号参数$\alpha=1$和$\nu=0$;在滑模控制方法中,参数$k=5$,$q=0.1$。其中控制信号在$t=5$ s 时起作用。

由降阶同步数值仿真结果可知,误差系统状态轨迹通过无源控制和滑模控制均可以收敛到零点,如图 2.3 所示。同时,提出的无源控制器和滑模控制器如图 2.4 所示。

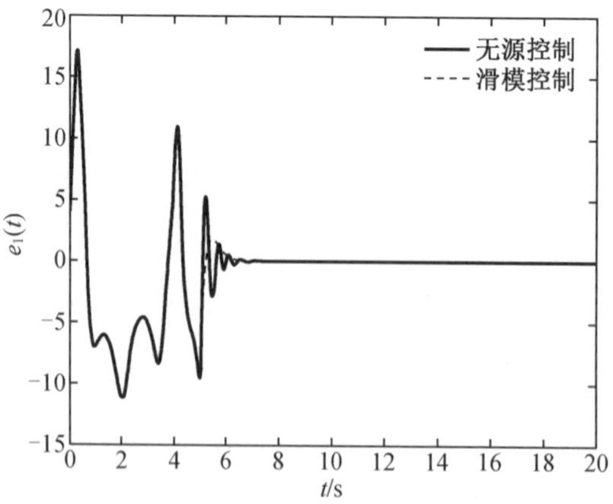

(a) e_1 轨迹图

图 2.3 异阶 Rabinovich 系统降阶同步误差系统状态轨迹图

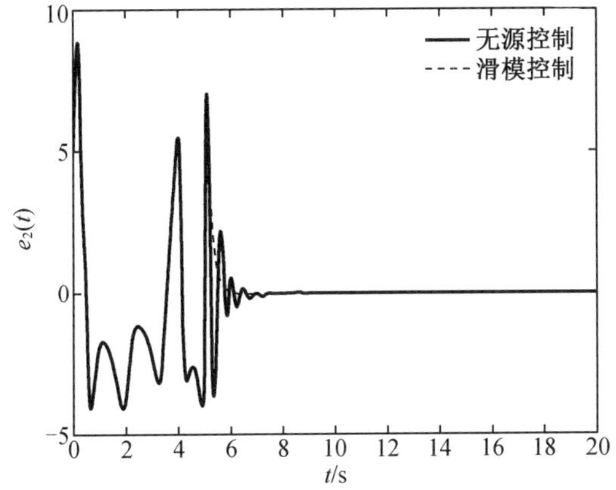

(b) e_2 轨迹图

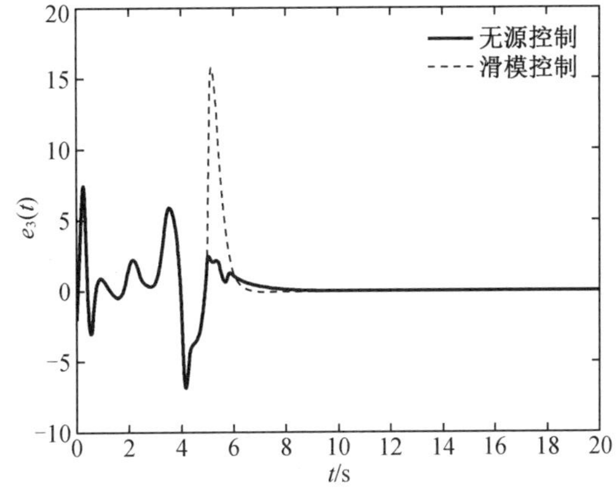

(c) e_3 轨迹图

图 2.3(续)

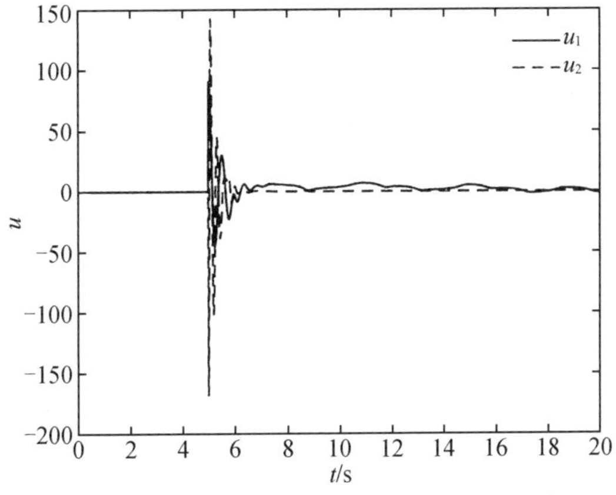

(a) 降阶同步无源控制器轨迹图

图 2.4　异阶 Rabinovich 系统降阶同步控制器轨迹图

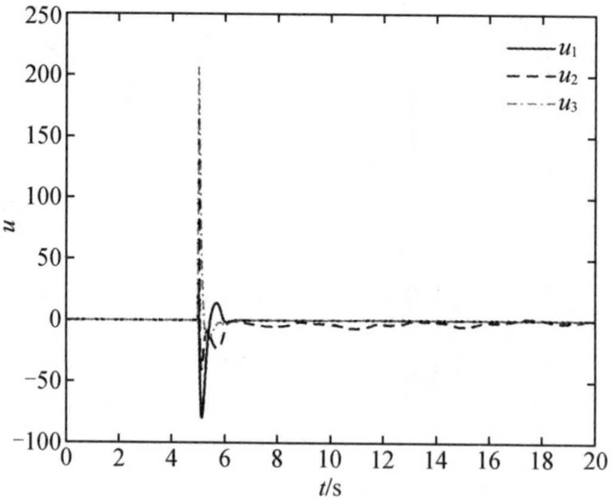

(b) 降阶同步滑模控制器轨迹图

图 2.4(续)

在升阶同步控制仿真中，误差系统状态轨迹通过无源控制器和滑模控制器均可以收敛到零，其仿真结果如图 2.5 所示。同时，设计的无源控制器和滑模控制器如图 2.6 所示。

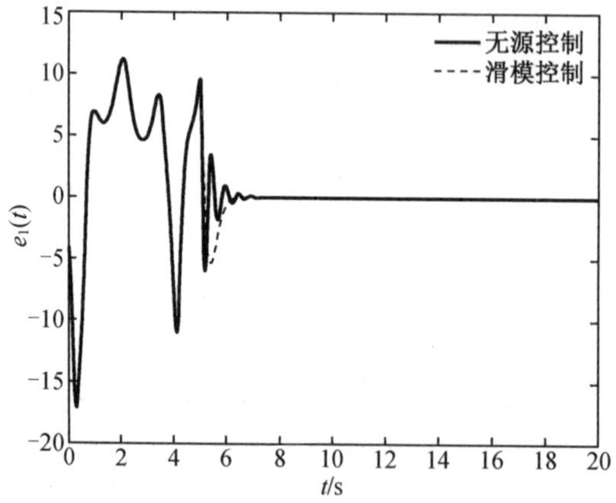

(a) e_1 轨迹图

图 2.5　异阶 Rabinovich 系统升阶同步误差系统状态轨迹图

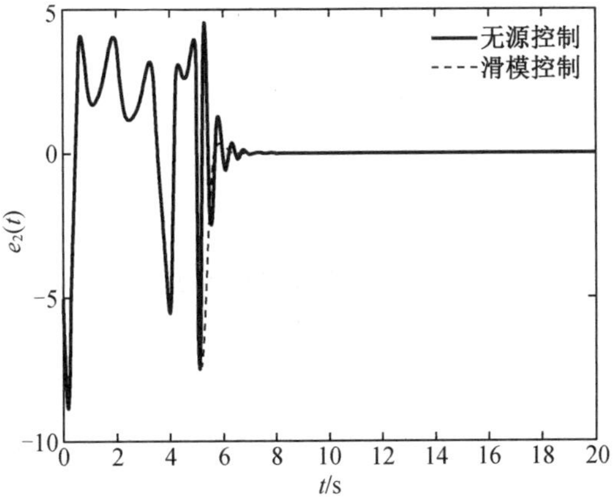

(b) e_2 轨迹图

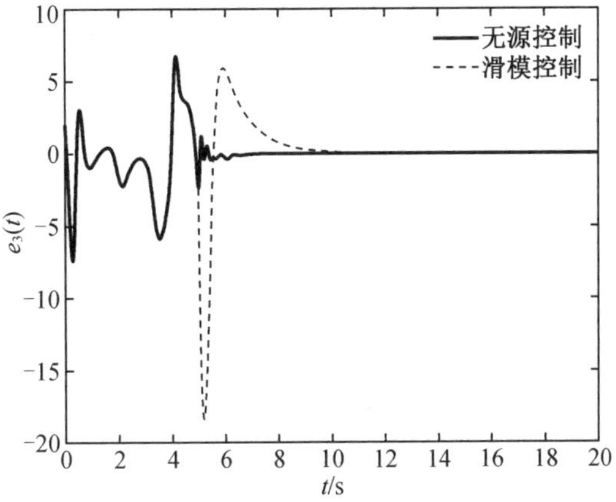

(c) e_3 轨迹图

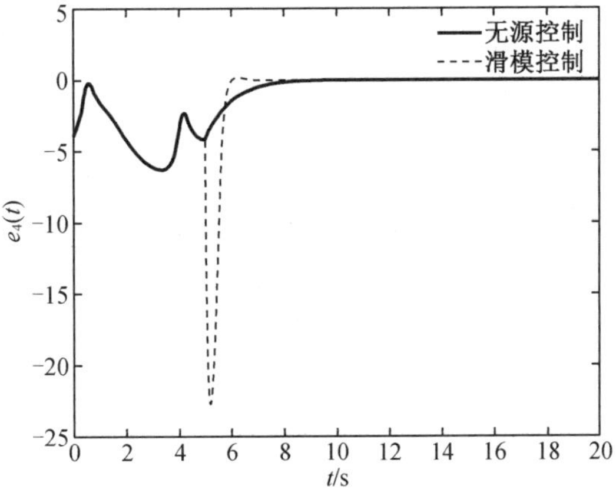

(d) e_4 轨迹图

图 2.5(续)

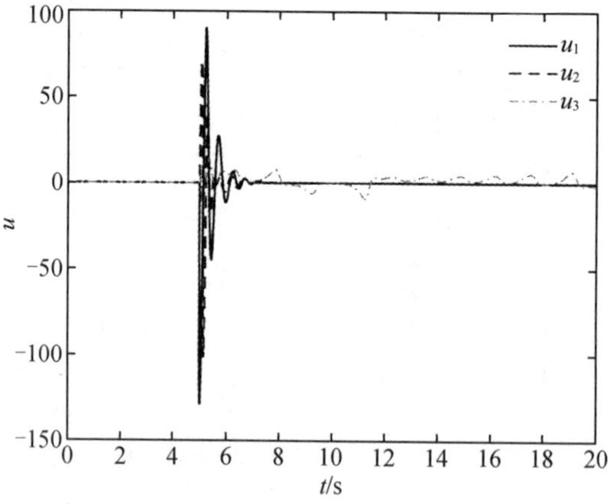

(a) 升阶同步无源控制器轨迹图

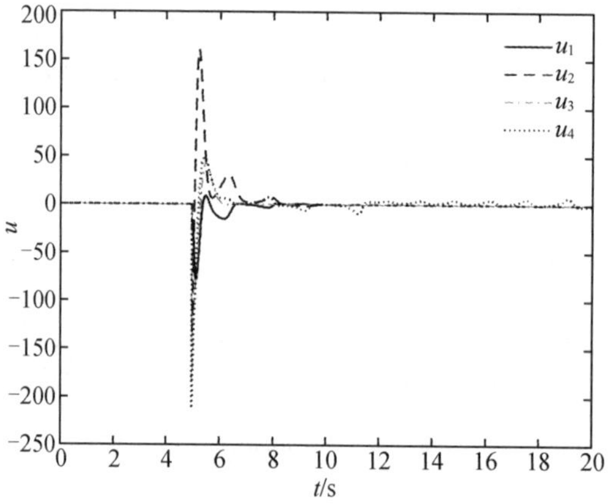

(b) 升阶同步滑模控制器轨迹图

图 2.6　异阶 Rabinovich 系统升阶同步控制器轨迹图

通过观测无源控制器和滑模控制器对异阶混沌同步控制的影响,从系统收敛速度来看,无源控制器可以更快速地实现降阶和升阶混沌同步,且所需要的控制器输入量也相对较少。这对于限制控制器输入数量的混沌同步实验来说,采用无源控制方法更具有优越性。

与参考文献[131-132]相比,本章将无源控制方法和滑模控制方法应用到了异阶 Rabinovich 系统的混沌同步控制中。其中,较小的控制量就可以维持误差系统的稳定性,且提出的控制方法可以保证误差系统的快速收敛。

2.4　本 章 小 结

本章研究了基于无源控制和滑模控制理论的异阶 Rabinovich 混沌系统的同步问题,实现了异阶 Rabinovich 混沌系统的降阶同步和升阶同步。通过数值仿真,验证了上述两种同步控制方法的可行性和有效性。其中,在异阶 Rabinovich 系统的同步控制上,相比较基于趋近率的滑模控制方法,提出的无源控制器能使误差系统状态轨迹更快速收敛。

另外,由于特定混沌系统的同步控制研究不具有普适性和推广性,而且理想情况下的混沌同步研究不具有实际意义,因此研究外界环境因素等不确定因素对混沌同步控制的影响更具有实际意义。同时,统一的混沌系统模型可以包含众多已知的混沌系统,对基于混沌同步控制的研究更具有理论意义,这也是我们后续将要开展的工作。

第3章　参数未知的不确定性异阶混沌系统的同步控制

3.1　引　　言

由于在混沌的自然模型和人工模型中都存在不可避免的模型不确定性和外部非线性干扰，而这些不确定因素将导致混沌系统的稳定性降低，因此在研究混沌系统同步时，考虑这些不确定因素具有很大的现实意义。而且在研究混沌系统同步时，系统的阶数可能不是完全相同的，这样就涉及异阶混沌系统的同步控制问题。当前，Hu等[135]研究了相同阶和异阶的混沌同步问题，并通过自适应控制方法解决了未知参数的影响；Ho等[136]通过降低混沌系统的阶数，并采用自适应控制方案，将四阶不确定混沌系统转化为三阶不确定混沌系统，实现了异阶混沌系统同步；Ojo等[43]通过组合的方式研究了三个约瑟夫森系统之间的降阶同步。通常，混沌系统同步的研究不能脱离不确定因素的干扰，而且系统也无法完全避免外部干扰对模型的影响。因此，考虑到系统模型的不确定性和外部干扰，Ahmad等[137]采用主动控制方法实现了异阶混沌系统同步控制，同时通过利用非线性控制方法，将两个异阶混沌系统的状态曲线收敛到一致[70]。

在实际工程应用中，混沌同步控制通常需要在有限的时间内完成。因此，在基于有限时间控制理论的基础上，Cai等[71]提出了两种控制方法来实现异阶混沌系统的广义同步，并研究了在控制器作用下的收敛时间与指数系数之间的关系；Ahmad等[73]通过升阶和降阶两种方式，在系统包含外部干扰的情况下，实现了不确定混沌系统的鲁棒有限时间同步；Zhang等[138]在已知参数和未知参数的情况下分别实现了混沌同步的全局有限时间收敛。

然而，上述文献均需假设控制器输入的条件是理想的。实际上，控制器通常伴随着非线性因素，因此作用于混沌同步的控制器通常不是线性的。一些相关研究在设计控制器时已经考虑了这一因素[139-141]。但是系统中可能同时存在未知参数、模型不确定项、外界非线性干扰和控制器的非线性输入等不确定因素,因此研究在上述不确定因素干扰下的异阶混沌系统的同步控制问题仍然是一项艰巨的任务。

本章主要在未知参数、模型不确定性、外界非线性干扰和控制器的非线性输入等不确定因素下,通过自适应控制器和终端滑模控制器分别实现了异阶混沌系统有限时间同步控制。通过数值仿真,证明异阶混沌系统的误差系统状态轨迹的收敛可以在有限时间内完成。同时,异阶混沌系统的同步控制研究更接近于实际工程应用。

3.2　一种参数未知的不确定性异阶混沌系统的模型描述和预备知识

在本章中,当系统中存在未知参数、模型不确定性、外界干扰和控制器的非线性输入等不确定因素时,我们利用驱动-响应同步模式,将设计的控制器作用在响应系统上,使响应系统的状态轨迹可以跟随驱动系统的状态轨迹,最后达到同步。其中,驱动系统和响应系统的模型分别统一表达为

驱动系统

$$\begin{cases}\dot{v}_1(t)=\boldsymbol{F}_1(\boldsymbol{v})\boldsymbol{\theta}+f_1(v)+\Delta f_1(v,t)+d_1^p(t)\\ \dot{v}_2(t)=\boldsymbol{F}_2(\boldsymbol{v})\boldsymbol{\theta}+f_2(v)+\Delta f_2(v,t)+d_2^p(t)\\ \quad\vdots\\ \dot{v}_n(t)=\boldsymbol{F}_n(\boldsymbol{v})\boldsymbol{\theta}+f_n(v)+\Delta f_n(v,t)+d_n^p(t)\end{cases}\tag{3.1}$$

响应系统

$$\begin{cases}\dot{w}_1(t)=\boldsymbol{G}_1(\boldsymbol{w})\boldsymbol{\psi}+g_1(w)+\Delta g_1(w,t)+d_1^q(t)+\varphi_1(u_1)\\ \dot{w}_2(t)=\boldsymbol{G}_2(\boldsymbol{w})\boldsymbol{\psi}+g_2(w)+\Delta g_2(w,t)+d_2^q(t)+\varphi_2(u_2)\\ \quad\vdots\\ \dot{w}_m(t)=\boldsymbol{G}_m(\boldsymbol{w})\boldsymbol{\psi}+g_m(w)+\Delta g_m(w,t)+d_m^q(t)+\varphi_m(u_m)\end{cases}\tag{3.2}$$

其中,$\boldsymbol{v}=[v_1,v_2,\cdots,v_n]^{\mathrm{T}}$ 和 $\boldsymbol{w}=[w_1,w_2,\cdots,w_m]^{\mathrm{T}}$,是系统状态向量;下标 n、m 表示系统状态变量个数;$f_i(v)$ 和 $g_i(w)$ 是与参数无关的非线性项;$\boldsymbol{F}_i(\boldsymbol{v})$ 和 $\boldsymbol{G}_i(\boldsymbol{w})$ 是相应矩阵的第 i 行向量;$\boldsymbol{\theta}=[\theta_1,\theta_2,\cdots,\theta_n]^{\mathrm{T}}$,$\boldsymbol{\psi}=[\psi_1,\psi_2,\cdots,\psi_m]^{\mathrm{T}}$,是未知参数向量;$\Delta f_i(v,t)$ 和 $\Delta g_i(w,t)$ 是模型不确定性;$d_i^p(t)$ 和 $d_i^q(t)$ 表示外部非线性干扰;$\boldsymbol{u}=[u_1,u_2,\cdots,u_m]^{\mathrm{T}}$,是响应系统的控制器输入项;$\varphi_i(u_i)$,$i=1,2,\cdots,m$,表示 u_i 的连续非线性函数。

备注 3.1　由于异阶混沌系统的同步控制可以推广到相同阶混沌系统的同步控制,因此当 $n=m$ 时,相同阶混沌系统同步控制与异阶混沌系统同步控制类似。

在本章中,研究不确定性异阶混沌系统同步模型可以分以下两种情况:

(1)当 $n>m$ 时,可以选择式(3.1)的投影部分作为驱动系统,来实现驱动系统和响应系统阶数相同的目标,那么式(3.1)可以分割为以下两个部分:

投影部分

$$\begin{cases}\dot{v}_1(t)=\boldsymbol{F}_1(\boldsymbol{v})\boldsymbol{\theta}'+f_1(v)+\Delta f_1(v,t)+d_1^p(t)\\ \dot{v}_2(t)=\boldsymbol{F}_2(\boldsymbol{v})\boldsymbol{\theta}'+f_2(v)+\Delta f_2(v,t)+d_2^p(t)\\ \qquad\vdots\\ \dot{v}_s(t)=\boldsymbol{F}_s(\boldsymbol{v})\boldsymbol{\theta}'+f_s(v)+\Delta f_s(v,t)+d_s^p(t)\end{cases}\tag{3.3}$$

其中,$s=m$; $\boldsymbol{\theta}'$是 $\boldsymbol{\theta}$ 的一部分。

剩下部分

$$\begin{cases}\dot{v}_{s+1}(t)=\boldsymbol{F}_{s+1}(\boldsymbol{v})\boldsymbol{\theta}''+f_{s+1}(v)+\Delta f_{s+1}(v,t)+d_{s+1}^p(t)\\ \dot{v}_{s+2}(t)=\boldsymbol{F}_{s+2}(\boldsymbol{v})\boldsymbol{\theta}''+f_{s+2}(v)+\Delta f_{s+2}(v,t)+d_{s+2}^p(t)\\ \qquad\vdots\\ \dot{v}_n(t)=\boldsymbol{F}_n(\boldsymbol{v})\boldsymbol{\theta}''+f_n(v)+\Delta f_n(v,t)+d_n^p(t)\end{cases}\tag{3.4}$$

其中,$s+1\leqslant n$; $\boldsymbol{\theta}''$是 $\boldsymbol{\theta}$ 的一部分。

(2)当 $n<m$ 时,通常可以通过增加驱动系统的维度来统一驱动系统和响应系统的阶数。为了实现这个目标,可以通过构造驱动系统的辅助状态向量来实现,因此式(3.1)可以改写为

$$\begin{cases}\dot{v}_1(t)=\boldsymbol{F}_1(\boldsymbol{v}')\boldsymbol{\theta}+f_1(v')+\Delta f_1(v',t)+d_1^p(t)\\ \dot{v}_2(t)=\boldsymbol{F}_2(\boldsymbol{v}')\boldsymbol{\theta}+f_2(v')+\Delta f_2(v',t)+d_2^p(t)\\ \qquad\vdots\\ \dot{v}_n(t)=\boldsymbol{F}_n(\boldsymbol{v}')\boldsymbol{\theta}+f_n(v')+\Delta f_n(v',t)+d_n^p(t)\\ \dot{v}_{n+1}(t)=\boldsymbol{F}_{n+1}(\boldsymbol{v}')\boldsymbol{\theta}+f_{n+1}(v')+\Delta f_{n+1}(v',t)+d_{n+1}^p(t)\\ \qquad\vdots\\ \dot{v}_{n+l}(t)=\boldsymbol{F}_{n+l}(\boldsymbol{v}')\boldsymbol{\theta}+f_{n+l}(v')+\Delta f_{n+l}(v',t)+d_{n+l}^p(t)\end{cases}\tag{3.5}$$

其中,$n+l=m$;$\boldsymbol{v}'=[v_1,v_2,\cdots,v_m]^{\mathrm{T}}$;当 $i\in[n+1,n+l]$ 时,$v_i=0,f_i(v')=0,\boldsymbol{F}_i(\boldsymbol{v}')=0$,$\Delta f_i(v',t)=0,d_i^p(t)=0$。

此外,为了确保计算的简便性,以下假设作为前提条件。

假设 3.1 假设系统模型的不确定性是有界的,则存在合适的常数 α_i^p 和 α_i^q, $i=1,2,\cdots,m$,以满足下列不等式:

$$|\Delta f_i(v,t)|\leqslant\alpha_i^p,\ |\Delta f_i(v',t)|\leqslant\alpha_i^p,\ |\Delta g_i(w,t)|\leqslant\alpha_i^q\tag{3.6}$$

因此,可得

$$|\Delta f_i(v,t)-\Delta g_i(w,t)|\leqslant\alpha_i,\ |\Delta f_i(v',t)-\Delta g_i(w,t)|\leqslant\alpha_i\tag{3.7}$$

其中，α_i 是未知参数。

假设 3.2　假设系统的外部干扰具有一定的范围限制，即存在常数 β_i^p 和 $\beta_i^q, i=1,2,\cdots,m$，满足以下条件：

$$\begin{aligned}|d_i^p(t)|&\leqslant\beta_i^p\\|d_i^q(t)|&\leqslant\beta_i^q\end{aligned}\tag{3.8}$$

因此，有

$$|d_i^p(t)-d_i^q(t)|\leqslant\beta_i\tag{3.9}$$

其中，β_i 是未知参数。

假设 3.3　假设未知向量 $\boldsymbol{\theta}$、$\boldsymbol{\theta}'$、$\boldsymbol{\psi}$、$\boldsymbol{\alpha}=[\alpha_1,\alpha_2,\cdots,\alpha_m]^{\mathrm{T}}$ 和 $\boldsymbol{\beta}=[\beta_1,\beta_2,\cdots,\beta_m]^{\mathrm{T}}$ 是范数有界的，则

$$\|\boldsymbol{\theta}\|\leqslant\Theta,\ \|\boldsymbol{\theta}'\|\leqslant\Theta,\ \|\boldsymbol{\psi}\|\leqslant\Psi,\ \|\boldsymbol{\alpha}\|\leqslant A,\ \|\boldsymbol{\beta}\|\leqslant B\tag{3.10}$$

其中，Θ、Ψ、A 和 B 是已知的正常数。

在设计系统同步控制器之前，以下引理将用以证明定理的有效性。

引理 3.1[142]　考虑非线性系统的李雅普诺夫函数满足以下不等式

$$\dot{V}(y)+\varepsilon V(y)+\mu V^{\sigma}(y)\leqslant0\tag{3.11}$$

那么，系统是有限时间稳定的，且时间 t 满足

$$t\leqslant\frac{1}{\varepsilon(1-\sigma)}\ln\frac{\varepsilon V^{1-\sigma}[y(0)]+\mu}{\mu}\tag{3.12}$$

其中，ε、$\mu>0$；$0<\sigma<1$。

引理 3.2[88]　假设存在常数 $\upsilon>0$ 和 $0<\partial<1$，当一个正定函数满足不等式

$$\dot{V}(t)\leqslant-\upsilon V^{\partial}(t),\ \forall t\geqslant t_0, V(t_0)\geqslant0\tag{3.13}$$

时，对于初始时间 t_0，存在

$$V^{1-\partial}(t)\leqslant V^{1-\partial}(t_0)-\upsilon(1-\partial)(t-t_0), t_0\leqslant t\leqslant t'\tag{3.14}$$

和

$$V(t)=0,\ \forall t\geqslant t'\tag{3.15}$$

那么，收敛时间 t' 满足

$$t'=t_0+\frac{V^{1-\partial}(t_0)}{\upsilon(1-\partial)}\tag{3.16}$$

引理 3.3[143]　假设存在常数 $b_1,b_2,\cdots,b_n$ 和 $0<q<2$，那么

$$|b_1|^q+|b_2|^q+\cdots+|b_n|^q\geqslant(b_1{}^2+b_2{}^2+\cdots+b_n{}^2)^{q/2}\tag{3.17}$$

3.3 一种参数未知的不确定性异阶混沌系统的同步控制

本节将分析带有未知参数的不确定性异阶混沌系统的有限时间降阶和升阶同步控制。其中,利用自适应同步控制器实现降阶同步,且通过自适应率来估计未知参数和系统不确定性;利用终端滑模控制器实现升阶同步,且可以实现未知参数的估计。

3.3.1 参数未知的不确定性异阶混沌降阶同步的自适应控制器设计

本小节以参数未知的不确定性异阶混沌系统的降阶同步为例,根据驱动和响应系统的描述,式(3.3)减式(3.2)可得误差系统如下:

$$\begin{cases}\dot{e}_1(t)=\boldsymbol{F}_1(\boldsymbol{v})\boldsymbol{\theta}'+f_1(v)+\Delta f_1(v,t)+d_1^p(t)-\boldsymbol{G}_1(\boldsymbol{w})\boldsymbol{\psi}-g_1(w)-\Delta g_1(w,t)-\\ \qquad d_1^q(t)-\varphi_1(u_1)\\ \dot{e}_2(t)=\boldsymbol{F}_2(\boldsymbol{v})\boldsymbol{\theta}'+f_2(v)+\Delta f_2(v,t)+d_2^p(t)-\boldsymbol{G}_2(\boldsymbol{w})\boldsymbol{\psi}-g_2(w)-\Delta g_2(w,t)-\\ \qquad d_2^q(t)-\varphi_2(u_2)\\ \qquad\vdots\\ \dot{e}_m(t)=\boldsymbol{F}_m(\boldsymbol{v})\boldsymbol{\theta}'+f_m(v)+\Delta f_m(v,t)+d_m^p(t)-\boldsymbol{G}_m(\boldsymbol{w})\boldsymbol{\psi}-g_m(w)-\Delta g_m(w,t)-\\ \qquad d_m^q(t)-\varphi_m(u_m)\end{cases} \tag{3.18}$$

考虑到控制器非线性输入的影响,同时确保式(3.18)的有限时间稳定性,在解决降阶同步过程中,将自适应控制器设计为

$$u_i=\frac{\zeta e_i}{\eta\|\boldsymbol{e}\|},i=1,2,\cdots,m \tag{3.19}$$

其中

$$\zeta=\|\boldsymbol{f}(\boldsymbol{v})-\boldsymbol{g}(\boldsymbol{w})\|+\|\hat{\boldsymbol{\alpha}}\|+\|\hat{\boldsymbol{\beta}}\|+\|\hat{\boldsymbol{\theta}}'^{\mathrm{T}}[\boldsymbol{F}(\boldsymbol{v})]^{\mathrm{T}}-\hat{\boldsymbol{\psi}}^{\mathrm{T}}[\boldsymbol{G}(\boldsymbol{w})]^{\mathrm{T}}\|+k+\frac{\mu_1(\|\hat{\boldsymbol{\alpha}}\|+A+\|\hat{\boldsymbol{\beta}}\|+B)}{\|\boldsymbol{e}\|}+\frac{\mu_2(\|\hat{\boldsymbol{\theta}}'\|+\Theta+\|\hat{\boldsymbol{\psi}}\|+\Psi)}{\|\boldsymbol{e}\|} \tag{3.20}$$

其中,参数 η、k、μ_1 和 μ_2 是正常数;向量$\hat{\boldsymbol{\alpha}}$、$\hat{\boldsymbol{\beta}}$、$\hat{\boldsymbol{\theta}}'$和 $\hat{\boldsymbol{\psi}}$ 分别为 $\boldsymbol{\alpha}$、$\boldsymbol{\beta}$、$\boldsymbol{\theta}'$和 $\boldsymbol{\psi}$ 的估计值。

与式(3.20)相关的自适应律为

$$\dot{\hat{\boldsymbol{\theta}}}'(t)=[\boldsymbol{F}(\boldsymbol{v})]^{\mathrm{T}}\boldsymbol{\gamma} \tag{3.21}$$

$$\dot{\hat{\boldsymbol{\psi}}}(t)=-[\boldsymbol{G}(\boldsymbol{w})]^{\mathrm{T}}\boldsymbol{\gamma} \tag{3.22}$$

$$\dot{\hat{\boldsymbol{\alpha}}}_i,\dot{\hat{\boldsymbol{\beta}}}_i=|e_i|,i=1,2,\cdots,m \tag{3.23}$$

其中，$\boldsymbol{\gamma}=[e_1,e_2,\cdots,e_m]^{\mathrm{T}}$。

备注 3.2　当控制器满足 $u_i=\kappa_i\mathrm{sgn}(e_i)$ 形式时，如果 κ_i 值较大，将引起不必要的抖动[144]。在参考文献[145]中，非线性输入函数需要满足一些特殊条件。然而，本章中提出的控制器(3.19)避免了上述限制因素。

定理 3.1　假设式(3.18)的非线性输入函数 $\varphi_i(u_i)$，$i=1,2,\cdots,m$，在实数集中具有下界，即 $u_i\varphi_i(u_i)\geqslant\eta u_i^2$，$\eta>0$，则它满足不等式

$$-e_i\varphi_i(u_i)\leqslant-\frac{\zeta e_i^2}{\|\boldsymbol{e}\|} \tag{3.24}$$

证明　将控制器(3.19)代入 $u_i\varphi_i(u_i)\geqslant\eta u_i^2$，可得

$$\frac{\zeta e_i}{\eta\|\boldsymbol{e}\|}\varphi_i(u_i)\geqslant\eta\left(\frac{\zeta e_i}{\eta\|\boldsymbol{e}\|}\right)^2 \tag{3.25}$$

简化式(3.25)，得到

$$e_i\varphi_i(u_i)\geqslant\frac{\zeta e_i^2}{\|\boldsymbol{e}\|} \tag{3.26}$$

即 $-e_i\varphi_i(u_i)\leqslant-\frac{\zeta e_i^2}{\|\boldsymbol{e}\|}$。

定理 3.2　在自适应律(3.21)至自适应律(3.23)作用下，控制器(3.19)可以实现式(3.18)的有限时间稳定，且时间满足

$$T=\frac{\sqrt{2}}{\mu}\left(\frac{1}{2}\sum_{i=1}^{m}\{e_i^2(0)+[\hat{\alpha}_i(0)-\alpha_i]^2+[\hat{\beta}_i(0)-\beta_i]^2\}+\frac{1}{2}\|\hat{\boldsymbol{\theta}}'(0)-\boldsymbol{\theta}'\|^2+\frac{1}{2}\|\hat{\boldsymbol{\psi}}(0)-\boldsymbol{\psi}\|^2\right)^{1/2} \tag{3.27}$$

其中，$\mu=\min\{\mu_1,\mu_2,k\}>0$。

证明　选择李雅普诺夫函数

$$V(t)=\frac{1}{2}\sum_{i=1}^{m}[e_i^2+(\hat{\alpha}_i-\alpha_i)^2+(\hat{\beta}_i-\beta_i)^2]+\frac{1}{2}\|\hat{\boldsymbol{\theta}}'-\boldsymbol{\theta}'\|^2+\frac{1}{2}\|\hat{\boldsymbol{\psi}}-\boldsymbol{\psi}\|^2 \tag{3.28}$$

对式(3.28)求导得

$$\dot{V}(t)=\sum_{i=1}^{m}[e_i\dot{e}_i+(\hat{\alpha}_i-\alpha_i)\dot{\hat{\alpha}}_i+(\hat{\beta}_i-\beta_i)\dot{\hat{\beta}}_i]+(\hat{\boldsymbol{\theta}}'-\boldsymbol{\theta}')^{\mathrm{T}}\dot{\hat{\theta}}'+(\hat{\boldsymbol{\psi}}-\psi)^{\mathrm{T}}\dot{\hat{\boldsymbol{\psi}}} \tag{3.29}$$

将式(3.18)、式(3.21)、式(3.22)代入系统(3.29)，得到

$$\dot{V}(t)=\sum_{i=1}^{m}\{e_i[\boldsymbol{F}_i(\boldsymbol{v})\boldsymbol{\theta}'+f_i(v)+\Delta f_m(v,t)+d_i^p(t)-\boldsymbol{G}_i(\boldsymbol{w})\boldsymbol{\psi}-g_i(w)-$$
$$\Delta g_i(w,t)-d_i^q(t)-\varphi_i(u_i)]+(\hat{\alpha}_i-\alpha_i)\dot{\hat{\alpha}}_i+(\hat{\beta}_i-\beta_i)\dot{\hat{\beta}}_i\}+(\hat{\boldsymbol{\theta}}'-\boldsymbol{\theta}')^{\mathrm{T}}\cdot$$

$$[\boldsymbol{F}(\boldsymbol{v})]^{\mathrm{T}}\boldsymbol{\gamma}-(\hat{\boldsymbol{\psi}}-\boldsymbol{\psi})^{\mathrm{T}}[\boldsymbol{G}(\boldsymbol{w})]^{\mathrm{T}}\boldsymbol{\gamma} \tag{3.30}$$

由于

$$\sum_{i=1}^{m} e_i\boldsymbol{F}_i(\boldsymbol{v})\boldsymbol{\theta}' = \boldsymbol{\theta}'^{\mathrm{T}}[\boldsymbol{F}(\boldsymbol{v})]^{\mathrm{T}}\boldsymbol{\gamma} \tag{3.31}$$

$$\sum_{i=1}^{m} e_i\boldsymbol{G}_i(\boldsymbol{w})\boldsymbol{\psi} = \boldsymbol{\psi}^{\mathrm{T}}[\boldsymbol{G}(\boldsymbol{w})]^{\mathrm{T}}\boldsymbol{\gamma} \tag{3.32}$$

因此

$$\begin{aligned}\dot{V}(t) = &\sum_{i=1}^{m}\{e_i[f_i(v)+\Delta f_i(v,t)+d_i^p(t)-g_i(w)-\Delta g_i(w,t)-d_i^q(t)-\varphi_i(u_i)]+\\&(\hat{\alpha}_i-\alpha_i)\dot{\hat{\alpha}}_i+(\hat{\beta}_i-\beta_i)\dot{\hat{\beta}}_i\}+\hat{\boldsymbol{\theta}}'^{\mathrm{T}}[\boldsymbol{F}(\boldsymbol{v})]^{\mathrm{T}}\boldsymbol{\gamma}-\hat{\boldsymbol{\psi}}^{\mathrm{T}}[\boldsymbol{G}(\boldsymbol{w})]^{\mathrm{T}}\boldsymbol{\gamma}\\\leqslant&\sum_{i=1}^{m}[|e_i|(|f_i(v)-g_i(w)|+|\Delta f_i(v,t)-\Delta g_i(w,t)|+\\&|d_i^p(t)-d_i^q(t)|)-e_i\varphi_i(u_i)+(\hat{\alpha}_i-\alpha_i)\dot{\hat{\alpha}}_i+(\hat{\beta}_i-\beta_i)\dot{\hat{\beta}}_i]+\\&\hat{\boldsymbol{\theta}}'^{\mathrm{T}}[\boldsymbol{F}(\boldsymbol{v})]^{\mathrm{T}}\boldsymbol{\gamma}-\hat{\boldsymbol{\psi}}^{\mathrm{T}}[\boldsymbol{G}(\boldsymbol{w})]^{\mathrm{T}}\boldsymbol{\gamma}\end{aligned} \tag{3.33}$$

根据假设3.1、假设3.2和式(3.23)中的自适应律 $\dot{\hat{\alpha}}_i$ 和 $\dot{\hat{\beta}}_i$,式(3.33)可简化为

$$\dot{V}(t)\leqslant\sum_{i=1}^{m}\{|e_i|[|f_i(v)-g_i(w)|]-e_i\varphi_i(u_i)+\hat{\alpha}_i|e_i|+\hat{\beta}_i|e_i|\}+\hat{\boldsymbol{\theta}}'^{\mathrm{T}}[\boldsymbol{F}(\boldsymbol{v})]^{\mathrm{T}}\boldsymbol{\gamma}-\hat{\boldsymbol{\psi}}^{\mathrm{T}}[\boldsymbol{G}(\boldsymbol{w})]^{\mathrm{T}}\boldsymbol{\gamma} \tag{3.34}$$

根据定理3.1和控制器(3.19),可以进一步得到

$$\begin{aligned}\dot{V}(t)\leqslant&\sum_{i=1}^{m}\Bigg(|e_i|[|f_i(v)-g_i(w)|]-\Bigg\{\|\boldsymbol{f}(\boldsymbol{v})-\boldsymbol{g}(\boldsymbol{w})\|+\|\hat{\boldsymbol{\alpha}}\|+\|\hat{\boldsymbol{\beta}}\|+\\&\|\hat{\boldsymbol{\theta}}'^{\mathrm{T}}[\boldsymbol{F}(\boldsymbol{v})]^{\mathrm{T}}-\hat{\boldsymbol{\psi}}^{\mathrm{T}}[\boldsymbol{G}(\boldsymbol{w})]^{\mathrm{T}}\|+k+\frac{\mu_1(\|\hat{\boldsymbol{\alpha}}\|+A+\|\hat{\boldsymbol{\beta}}\|+B)}{\|\boldsymbol{e}\|}+\\&\frac{\mu_2(\|\hat{\boldsymbol{\theta}}'\|+\Theta+\|\hat{\boldsymbol{\psi}}\|+\Psi)}{\|\boldsymbol{e}\|}\Bigg\}\frac{e_i^2}{\|\boldsymbol{e}\|}+\hat{\alpha}_i|e_i|+\hat{\beta}_i|e_i|\Bigg)+\hat{\boldsymbol{\theta}}'^{\mathrm{T}}[\boldsymbol{F}(\boldsymbol{v})]^{\mathrm{T}}\boldsymbol{\gamma}-\\&\hat{\boldsymbol{\psi}}^{\mathrm{T}}[\boldsymbol{G}(\boldsymbol{w})]^{\mathrm{T}}\boldsymbol{\gamma}\end{aligned} \tag{3.35}$$

由于

$$\sum_{i=1}^{m} e_i^2 = \|\boldsymbol{e}\|^2 \tag{3.36}$$

因此,简化式(3.35),可得

$$\begin{aligned}\dot{V}(t)\leqslant&\sum_{i=1}^{m}\{|e_i|[|f_i(v)-g_i(w)|]\}-[\|\boldsymbol{f}(\boldsymbol{v})-\boldsymbol{g}(\boldsymbol{w})\|]\|\boldsymbol{e}\|+\sum_{i=1}^{m}[\hat{\alpha}_i|e_i|]-\\&\|\hat{\boldsymbol{\alpha}}\|\|\boldsymbol{e}\|+\sum_{i=1}^{m}[\hat{\beta}_i|e_i|]-\|\hat{\boldsymbol{\beta}}\|\|\boldsymbol{e}\|+\{\hat{\boldsymbol{\theta}}'^{\mathrm{T}}[\boldsymbol{F}(\boldsymbol{v})]^{\mathrm{T}}-\hat{\boldsymbol{\psi}}^{\mathrm{T}}[\boldsymbol{G}(\boldsymbol{w})]^{\mathrm{T}}\}\boldsymbol{\gamma}-\\&\|\hat{\boldsymbol{\theta}}'^{\mathrm{T}}[\boldsymbol{F}(\boldsymbol{v})]^{\mathrm{T}}-\hat{\boldsymbol{\psi}}^{\mathrm{T}}[\boldsymbol{G}(\boldsymbol{w})]^{\mathrm{T}}\|\|\boldsymbol{e}\|-k\|\boldsymbol{e}\|-\mu_1(\|\hat{\boldsymbol{\alpha}}\|+A+\|\hat{\boldsymbol{\beta}}\|+B)-\end{aligned}$$

$$\mu_2(\|\hat{\boldsymbol{\theta}}'\|+\Theta+\|\hat{\boldsymbol{\psi}}\|+\Psi) \tag{3.37}$$

根据柯西不等式,有

$$\sum_{i=1}^{m}\{|e_i|[|f_i(v)-g_i(w)|]\}\leqslant[\|\boldsymbol{f}(\boldsymbol{v})-\boldsymbol{g}(\boldsymbol{w})\|]\|\boldsymbol{e}\| \tag{3.38}$$

$$\sum_{i=1}^{m}[\hat{\alpha}_i|e_i|]\leqslant\|\hat{\boldsymbol{\alpha}}\|\|\boldsymbol{e}\| \tag{3.39}$$

$$\sum_{i=1}^{m}[\hat{\beta}_i|e_i|]\leqslant\|\hat{\boldsymbol{\beta}}\|\|\boldsymbol{e}\| \tag{3.40}$$

$$\{\hat{\boldsymbol{\theta}}'^{\mathrm{T}}[\boldsymbol{F}(\boldsymbol{v})]^{\mathrm{T}}-\hat{\boldsymbol{\psi}}^{\mathrm{T}}[\boldsymbol{G}(\boldsymbol{w})]^{\mathrm{T}}\}\boldsymbol{\gamma}\leqslant\|\hat{\boldsymbol{\theta}}'^{\mathrm{T}}[\boldsymbol{F}(\boldsymbol{v})]^{\mathrm{T}}-\hat{\boldsymbol{\psi}}^{\mathrm{T}}[\boldsymbol{G}(\boldsymbol{w})]^{\mathrm{T}}\|\|\boldsymbol{e}\| \tag{3.41}$$

那么

$$\dot{V}(t)\leqslant-k\|\boldsymbol{e}\|-\mu_1(\|\hat{\boldsymbol{\alpha}}\|+A+\|\hat{\boldsymbol{\beta}}\|+B)-\mu_2(\|\hat{\boldsymbol{\theta}}'\|+\Theta+\|\hat{\boldsymbol{\psi}}\|+\Psi) \tag{3.42}$$

利用假设 3.3,有

$$\begin{aligned}&\|\hat{\boldsymbol{\alpha}}\|+A\geqslant\|\hat{\boldsymbol{\alpha}}\|+\|\boldsymbol{\alpha}\|\geqslant\|\hat{\boldsymbol{\alpha}}-\boldsymbol{\alpha}\|\\&\|\hat{\boldsymbol{\beta}}\|+B\geqslant\|\hat{\boldsymbol{\beta}}\|+\|\boldsymbol{\beta}\|\geqslant\|\hat{\boldsymbol{\beta}}-\boldsymbol{\beta}\|\end{aligned} \tag{3.43}$$

和

$$\begin{aligned}&\|\hat{\boldsymbol{\theta}}'\|+\Theta\geqslant\|\hat{\boldsymbol{\theta}}'\|+\|\boldsymbol{\theta}'\|\geqslant\|\hat{\boldsymbol{\theta}}'-\boldsymbol{\theta}'\|\\&\|\hat{\boldsymbol{\psi}}\|+\Psi\geqslant\|\hat{\boldsymbol{\psi}}\|+\|\boldsymbol{\psi}\|\geqslant\|\hat{\boldsymbol{\psi}}-\boldsymbol{\psi}\|\end{aligned} \tag{3.44}$$

因此,式(3.42)可写为

$$\dot{V}(t)\leqslant-k\|\boldsymbol{e}\|-\mu_1(\|\hat{\boldsymbol{\alpha}}-\boldsymbol{\alpha}\|+\|\hat{\boldsymbol{\beta}}-\boldsymbol{\beta}\|)-\mu_2(\|\hat{\boldsymbol{\theta}}'-\boldsymbol{\theta}'\|+\|\hat{\boldsymbol{\psi}}-\boldsymbol{\psi}\|) \tag{3.45}$$

当选择 $\mu=\min\{k,\mu_1,\mu_2\}>0$ 时,式(3.45)可写为

$$\dot{V}(t)\leqslant-\mu(\|\boldsymbol{e}\|+\|\hat{\boldsymbol{\alpha}}-\boldsymbol{\alpha}\|+\|\hat{\boldsymbol{\beta}}-\boldsymbol{\beta}\|+\|\hat{\boldsymbol{\theta}}'-\boldsymbol{\theta}'\|+\|\hat{\boldsymbol{\psi}}-\boldsymbol{\psi}\|) \tag{3.46}$$

根据引理 3.3,可得

$$\dot{V}(t)\leqslant-\mu(\|\boldsymbol{e}\|+\|\hat{\boldsymbol{\alpha}}-\boldsymbol{\alpha}\|^2+\|\hat{\boldsymbol{\beta}}-\boldsymbol{\beta}\|^2+\|\hat{\boldsymbol{\theta}}'-\boldsymbol{\theta}'\|^2+\|\hat{\boldsymbol{\psi}}-\boldsymbol{\psi}\|^2)^{1/2} \tag{3.47}$$

由于

$$\sum_{i=1}^{m}[\hat{\alpha}_i-\alpha_i]^2=\|\hat{\boldsymbol{\alpha}}-\boldsymbol{\alpha}\|^2 \tag{3.48}$$

$$\sum_{i=1}^{m}[\hat{\beta}_i-\beta_i]^2=\|\hat{\boldsymbol{\beta}}-\boldsymbol{\beta}\|^2 \tag{3.49}$$

因此,式(3.47)可以重写为

$$\dot{V}(t)\leqslant-\mu\left\{\sum_{i=1}^{m}[e_i^2+(\hat{\alpha}_i-\alpha_i)^2+(\hat{\beta}_i-\beta_i)^2]+\|\hat{\boldsymbol{\theta}}'-\boldsymbol{\theta}'\|^2+\|\hat{\boldsymbol{\psi}}-\boldsymbol{\psi}\|^2\right\}^{1/2} \tag{3.50}$$

因此

$$\dot{V}(t)\leqslant-\sqrt{2}\mu\left\{\frac{1}{2}\sum_{i=1}^{m}[e_i^2+(\hat{\alpha}_i-\alpha_i)^2+(\hat{\beta}_i-\beta_i)^2]+\frac{1}{2}\|\hat{\boldsymbol{\theta}}'-\boldsymbol{\theta}'\|^2+\frac{1}{2}\|\hat{\boldsymbol{\psi}}-\boldsymbol{\psi}\|^2\right\}$$

$$=-\sqrt{2}\mu V^{1/2} \tag{3.51}$$

根据引理 3.2 可知,可以实现式(3.18)的有限时间稳定,证毕。

3.3.2 参数未知的不确定性异阶混沌升阶同步的终端滑模控制器设计

本小节以参数未知的不确定性异阶混沌系统的升阶同步为例,将误差系统定义为 $\boldsymbol{e}=\boldsymbol{v}'-\boldsymbol{w}$,那么式(3.5)减式(3.2)可得

$$\begin{cases}\dot e_1(t)=\boldsymbol{F}_1(\boldsymbol{v}')\boldsymbol{\theta}+f_1(v')+\Delta f_1(v',t)+d_1^p(t)-\boldsymbol{G}_1(\boldsymbol{w})\boldsymbol{\psi}-g_1(w)-\\ \qquad \Delta g_1(w,t)-d_1^q(t)-\varphi_1(u_1)\\ \dot e_2(t)=\boldsymbol{F}_2(\boldsymbol{v}')\boldsymbol{\theta}+f_2(v')+\Delta f_2(v',t)+d_2^p(t)-\boldsymbol{G}_2(\boldsymbol{w})\boldsymbol{\psi}-g_2(w)-\\ \qquad \Delta g_2(w,t)-d_2^q(t)-\varphi_2(u_2)\\ \qquad \vdots\\ \dot e_m(t)=\boldsymbol{F}_m(\boldsymbol{v}')\boldsymbol{\theta}+f_m(v')+\Delta f_m(v',t)+d_m^p(t)-\boldsymbol{G}_m(\boldsymbol{w})\boldsymbol{\psi}-g_m(w)-\\ \qquad \Delta g_m(w,t)-d_m^q(t)-\varphi_m(u_m)\end{cases} \tag{3.52}$$

鉴于滑模控制器对系统内部不确定性和外部非线性干扰具有天然鲁棒性,在本小节中,通过两个步骤来实现误差系统(3.52)的滑模控制。首先,设计一个终端滑模面以确保误差系统的滑模运动能够沿着所提出的滑模面收敛到零点;其次,设计一个有限时间控制器以确保误差系统的状态轨迹可以到达并保持在设计的滑模面上运动。

设计终端滑模面如下:

$$s_i(t)=e_i(t)+r_i\int_0^t(\{e_i(\tau)+\operatorname{sgn}[e_i(\tau)]\}|e_i(\tau)|^{\delta})\mathrm{d}\tau,i=1,2,\cdots,m \tag{3.53}$$

其中,r_i 和 $0<\delta<1$ 是正常数。

由于滑模运动的存在,故满足以下条件:

$$s_i(t)=e_i(t)+r_i\int_0^t(\{e_i(\tau)+\operatorname{sgn}[e_i(\tau)]\}|e_i(\tau)|^{\delta})\mathrm{d}\tau=0 \tag{3.54}$$

和

$$\dot s_i(t)=\dot e_i(t)+r_ie_i(t)+r_i\operatorname{sgn}[e_i(t)]|e_i(\tau)|^{\delta}=0 \tag{3.55}$$

因此,当式(3.52)的状态轨迹到达并保持在滑模面(3.53)上时,有

$$\dot e_i(t)=-r_ie_i(t)-r_i\operatorname{sgn}[e_i(t)]|e_i(t)|^{\delta} \tag{3.56}$$

故可以总结以下定理。

定理 3.3 零点是式(3.56)的有限时间稳定点,且收敛时间满足

$$T_1\leqslant\frac{1}{r_i(1-\delta)}\ln\frac{2r_i\left[1/2\sum_{i=1}^{m}e_i^2(0)\right]^{(1-\delta)/2}+2^{(1-\delta)/2}r_i}{2^{(1-\delta)/2}r_i} \tag{3.57}$$

证明　选择李雅普诺夫函数为

$$V(t)=\frac{1}{2}\sum_{i=1}^{m}e_i^2 \tag{3.58}$$

$V(t)$对时间 t 的导数为

$$\dot{V}(t)=\sum_{i=1}^{m}e_i\dot{e}_i \tag{3.59}$$

将式(3.56)代入式(3.59),得

$$\dot{V}(t)=\sum_{i=1}^{m}\left[-r_ie_i^2(t)-r_i|e_i(t)|\right]^{\delta+1} \tag{3.60}$$

由于 $0<\delta+1<2$,又根据引理 3.3,可得

$$\dot{V}(t)\leqslant -r_i\left(\sum_{i=1}^{m}\left[e_i^2(t)\right]+\left\{\sum_{i=1}^{m}\left[e_i^2(t)\right]\right\}^{(1+\delta)/2}\right) \tag{3.61}$$

即

$$\dot{V}(t)\leqslant -2r_iV(t)-2^{(1+\delta)/2}r_iV^{(1+\delta)/2}(t)\leqslant 0 \tag{3.62}$$

回顾引理 3.1,式(3.62)表明提出的终端滑模面(3.53)可以使系统(3.56)的滑模运动沿着所提出的滑模面收敛于零点,证毕。

备注 3.3　根据定理 3.3,滑模运动可以实现系统的有限时间稳定,并且收敛时间取决于式(3.52)的初始值和式(3.53)的参数。

下面将提出一个有限时间控制器,以确保式(3.52)的状态轨迹能在有限的时间内到达并保持在滑模面(3.53)上。

设计的有限时间控制器为

$$u_i=\frac{\chi s_i}{\eta\|\boldsymbol{s}\|},\ i=1,2,\cdots,m \tag{3.63}$$

其中

$$\chi=\|\boldsymbol{M}\|+A+B+\|\hat{\boldsymbol{\theta}}^{\mathrm{T}}[\boldsymbol{F}(\boldsymbol{v}')]^{\mathrm{T}}-\hat{\boldsymbol{\psi}}^{\mathrm{T}}[\boldsymbol{G}(\boldsymbol{w})]^{\mathrm{T}}\|+k+\|\boldsymbol{N}\|+\frac{\mu_1(\|\hat{\boldsymbol{\theta}}\|+\Theta+\|\hat{\boldsymbol{\psi}}\|+\Psi)}{\|\boldsymbol{s}\|} \tag{3.64}$$

其中,参数 k、μ_1 代表正常数;$\hat{\boldsymbol{\theta}}$、$\hat{\boldsymbol{\psi}}$ 分别是 $\boldsymbol{\theta}$、$\boldsymbol{\psi}$ 的估计;且

$$\boldsymbol{M}=[f_1(v')-g_1(w),f_2(v')-g_2(w),\cdots,f_m(v')-g_m(w)]^{\mathrm{T}} \tag{3.65}$$

$$\boldsymbol{s}=[s_1,s_2,\cdots,s_m]^{\mathrm{T}} \tag{3.66}$$

$$\boldsymbol{N}=[r_1e_1+r_1\mathrm{sgn}(e_1)|e_1|^{\delta},r_2e_2+r_2\mathrm{sgn}(e_2)|e_2|^{\delta},\cdots,r_me_m+r_m\mathrm{sgn}(e_m)|e_m|^{\delta}]^{\mathrm{T}} \tag{3.67}$$

设计参数自适应律为

$$\dot{\hat{\boldsymbol{\theta}}}=[\boldsymbol{F}(\boldsymbol{v}')]^{\mathrm{T}}\boldsymbol{\gamma},\hat{\theta}(0)=\hat{\theta}_0 \tag{3.68}$$

$$\dot{\hat{\boldsymbol{\psi}}} = -[\boldsymbol{G}(\boldsymbol{w})]^{\mathrm{T}}\boldsymbol{\gamma}, \hat{\psi}(0) = \hat{\psi}_0 \tag{3.69}$$

其中，$\boldsymbol{\gamma} = [s_1, s_2, \cdots, s_m]^{\mathrm{T}}$。

定理 3.4 假设 3.2 的非线性函数 $\varphi_i(u_i)$ 是有界的，即 $u_i\varphi_i(u_i) \geqslant \eta u_i^2, \eta > 0$，则存在

$$-s_i\varphi_i(u_i) \leqslant -\frac{\chi s_i^2}{\|\boldsymbol{s}\|} \tag{3.70}$$

证明 将式(3.63)代入 $u_i\varphi_i(u_i) \geqslant \eta u_i^2$，得

$$\frac{\zeta s_i}{\eta\|\boldsymbol{s}\|}\varphi_i(u_i) \geqslant \eta\left(\frac{\chi s_i}{\eta\|\boldsymbol{s}\|}\right)^2 \tag{3.71}$$

简化式(3.71)，有

$$s_i\varphi_i(u_i) \geqslant \frac{\chi s_i^2}{\|\boldsymbol{s}\|} \tag{3.72}$$

即 $-s_i\varphi_i(u_i) \leqslant -\frac{\chi s_i^2}{\|\boldsymbol{s}\|}$。

定理 3.5 对系统(3.2)和系统(3.5)，在控制器(3.63)的作用下，误差系统(3.52)的状态轨迹将在有限的时间内到达并保持在所提出的滑模面(3.53)上，且时间满足

$$T_2 = \frac{\sqrt{2}}{\mu}\left\{\frac{1}{2}\sum_{i=1}^{m}[s_i^2(0)] + \frac{1}{2}\|\hat{\boldsymbol{\theta}}(0) - \boldsymbol{\theta}\|^2 + \frac{1}{2}\|\hat{\boldsymbol{\psi}}(0) - \boldsymbol{\psi}\|^2\right\}^{1/2} \tag{3.73}$$

其中，$\mu = \min\{k, \mu_1\} > 0$。

证明 选择李雅普诺夫函数

$$V(t) = \frac{1}{2}\sum_{i=1}^{m}[s_i^2] + \frac{1}{2}\|\hat{\boldsymbol{\theta}} - \boldsymbol{\theta}\|^2 + \frac{1}{2}\|\hat{\boldsymbol{\psi}} - \boldsymbol{\psi}\|^2 \tag{3.74}$$

其导数为

$$\dot{V}(t) = \sum_{i=1}^{m}[s_i\dot{s}_i] + (\hat{\boldsymbol{\theta}} - \boldsymbol{\theta})^{\mathrm{T}}\dot{\hat{\boldsymbol{\theta}}} + (\hat{\boldsymbol{\psi}} - \boldsymbol{\psi})^{\mathrm{T}}\dot{\hat{\boldsymbol{\psi}}} \tag{3.75}$$

将式(3.55)代入式(3.75)，得

$$\dot{V}(t) = \sum_{i=1}^{m}\{s_i[\dot{e}_i + r_i e_i + r_i\mathrm{sgn}(e_i)|e_i|^\delta]\} + (\hat{\boldsymbol{\theta}} - \boldsymbol{\theta})^{\mathrm{T}}\dot{\hat{\boldsymbol{\theta}}} + (\hat{\boldsymbol{\psi}} - \boldsymbol{\psi})^{\mathrm{T}}\dot{\hat{\boldsymbol{\psi}}} \tag{3.76}$$

将式(3.52)、式(3.68)、式(3.69)代入式(3.76)得

$$\begin{aligned}\dot{V}(t) = &\sum_{i=1}^{m}\{s_i[\boldsymbol{F}_i(\boldsymbol{v}')\boldsymbol{\theta} + f_i(v') + \Delta f_i(v',t) + d_i^p(t) - \boldsymbol{G}_i(\boldsymbol{w})\boldsymbol{\psi} - g_i(w) - \Delta g_i(w,t) - \\ &d_i^q(t) - \varphi_i(u_i) + r_i e_i + r_i\mathrm{sgn}(e_i)|e_i|^\delta]\} + (\hat{\boldsymbol{\theta}} - \boldsymbol{\theta})^{\mathrm{T}}[\boldsymbol{F}(\boldsymbol{v}')]^{\mathrm{T}}\boldsymbol{\gamma} - \\ &(\hat{\boldsymbol{\psi}} - \boldsymbol{\psi})^{\mathrm{T}}[\boldsymbol{G}(\boldsymbol{w})]^{\mathrm{T}}\boldsymbol{\gamma}\end{aligned} \tag{3.77}$$

由于

$$\sum_{i=1}^{m} s_i \boldsymbol{F}_i(\boldsymbol{v}')\boldsymbol{\theta} = \boldsymbol{\theta}^{\mathrm{T}}[\boldsymbol{F}(\boldsymbol{v}')]^{\mathrm{T}}\boldsymbol{\gamma} \tag{3.78}$$

$$\sum_{i=1}^{m} s_i \boldsymbol{G}_i(\boldsymbol{w})\boldsymbol{\psi} = \boldsymbol{\psi}^{\mathrm{T}}[\boldsymbol{G}(\boldsymbol{w})]^{\mathrm{T}}\boldsymbol{\gamma} \tag{3.79}$$

因此式(3.77)可进一步得到

$$\dot{V}(t) = \sum_{i=1}^{m} \{ s_i[f_i(v') + \Delta f_i(v',t) + d_i^p(t) - g_i(w) - \Delta g_i(w,t) - d_i^q(t) - \varphi_i(u_i) + r_i e_i + r_i \mathrm{sgn}(e_i)|\boldsymbol{e}_i|^{\mathrm{T}}] \} + \hat{\boldsymbol{\theta}}^{\mathrm{T}}[\boldsymbol{F}(\boldsymbol{v}')]^{\mathrm{T}}\boldsymbol{\gamma} - \hat{\boldsymbol{\psi}}^{\mathrm{T}}[\boldsymbol{G}(\boldsymbol{w})]^{\mathrm{T}}\boldsymbol{\gamma} \tag{3.80}$$

根据定理 3.4 可知

$$\dot{V}(t) \leqslant \sum_{i=1}^{m} \Big\{ s_i[f_i(v') - g_i(w) + \Delta f_i(v',t) - \Delta g_i(w,t) + d_i^p(t) - d_i^q(t) + r_i e_i + r_i \mathrm{sgn}(e_i)|e_i|^{\delta}] - \Big[\|\boldsymbol{M}\| + A + B + \|\boldsymbol{N}\| + \|\hat{\boldsymbol{\theta}}^{\mathrm{T}}[\boldsymbol{F}(\boldsymbol{v}')]^{\mathrm{T}} - \hat{\boldsymbol{\psi}}^{\mathrm{T}}[\boldsymbol{G}(\boldsymbol{w})]^{\mathrm{T}}\| + k + \frac{\mu_1(\|\hat{\boldsymbol{\theta}}\| + \Theta + \|\hat{\boldsymbol{\psi}}\| + \Psi)}{\|\boldsymbol{s}\|} \Big] \frac{s_i^2}{\|\boldsymbol{s}\|} \Big\} + \hat{\boldsymbol{\theta}}^{\mathrm{T}}[\boldsymbol{F}(\boldsymbol{v}')]^{\mathrm{T}}\boldsymbol{\gamma} - \hat{\boldsymbol{\psi}}^{\mathrm{T}}[\boldsymbol{G}(\boldsymbol{w})]^{\mathrm{T}}\boldsymbol{\gamma} \tag{3.81}$$

由于

$$\sum_{i=1}^{m} s_i^2 = \|\boldsymbol{s}\|^2 \tag{3.82}$$

因此简化式(3.81),得

$$\dot{V}(t) \leqslant \sum_{i=1}^{m} \{ s_i[f_i(v') - g_i(w)] \} - \|M\|\|\boldsymbol{s}\| + \sum_{i=1}^{m} \{ s_i[\Delta f_i(v',t) - \Delta g_i(w,t)] \} - A\|\boldsymbol{s}\| + \sum_{i=1}^{m} \{ s_i[d_i^p(t) - d_i^q(t)] \} - B\|\boldsymbol{s}\| + \sum_{i=1}^{m} \{ s_i[r_i e_i + r_i \mathrm{sgn}(e_i)|e_i|^{\delta}] \} - \|\boldsymbol{N}\|\|\boldsymbol{s}\| - \|\hat{\boldsymbol{\theta}}^{\mathrm{T}}[\boldsymbol{F}(\boldsymbol{v}')]^{\mathrm{T}} - \hat{\boldsymbol{\psi}}^{\mathrm{T}}[\boldsymbol{G}(\boldsymbol{w})]^{\mathrm{T}}\|\|\boldsymbol{s}\| - k\|\boldsymbol{s}\| - \mu_1(\|\hat{\boldsymbol{\theta}}\| + \Theta + \|\hat{\boldsymbol{\psi}}\| + \Psi) + \hat{\boldsymbol{\theta}}^{\mathrm{T}}[\boldsymbol{F}(\boldsymbol{v}')]^{\mathrm{T}}\boldsymbol{\gamma} - \hat{\boldsymbol{\psi}}^{\mathrm{T}}[\boldsymbol{G}(\boldsymbol{w})]^{\mathrm{T}}\boldsymbol{\gamma} \tag{3.83}$$

根据柯西不等式,有

$$\sum_{i=1}^{m} \{ s_i[f_i(v') - g_i(w)] \} \leqslant \|\boldsymbol{M}\|\|\boldsymbol{s}\| \tag{3.84}$$

$$\sum_{i=1}^{m} \{ s_i[\Delta f_i(v',t) - \Delta g_i(w,t)] \} \leqslant \|\boldsymbol{\alpha}\|\|\boldsymbol{s}\| \tag{3.85}$$

$$\sum_{i=1}^{m} \{ s_i[d_i^p(t) - d_i^q(t)] \} \leqslant \|\boldsymbol{\beta}\|\|\boldsymbol{s}\| \tag{3.86}$$

$$\sum_{i=1}^{m} \{ s_i[r_i e_i + r_i \mathrm{sgn}(e_i)|e_i|^{\delta}] \} \leqslant \|\boldsymbol{N}\|\|\boldsymbol{s}\| \tag{3.87}$$

$$\{ \hat{\boldsymbol{\theta}}^{\mathrm{T}}[\boldsymbol{F}(\boldsymbol{v}')]^{\mathrm{T}} - \hat{\boldsymbol{\psi}}^{\mathrm{T}}[\boldsymbol{G}(\boldsymbol{w})]^{\mathrm{T}} \}\boldsymbol{\gamma} \leqslant \|\hat{\boldsymbol{\theta}}^{\mathrm{T}}[\boldsymbol{F}(\boldsymbol{v}')]^{\mathrm{T}} - \hat{\boldsymbol{\psi}}^{\mathrm{T}}[\boldsymbol{G}(\boldsymbol{w})]^{\mathrm{T}}\|\|\boldsymbol{s}\| \tag{3.88}$$

那么式(3.83)可写为

$$\dot{V}(t)\leqslant\|\boldsymbol{\alpha}\|\|\boldsymbol{s}\|-A\|\boldsymbol{s}\|+\|\boldsymbol{\beta}\|\|\boldsymbol{s}\|-B\|\boldsymbol{s}\|-k\|\boldsymbol{s}\|-\mu_1(\|\hat{\boldsymbol{\theta}}\|+\Theta+\|\hat{\boldsymbol{\psi}}\|+\Psi)\tag{3.89}$$

根据假设 3.3,式(3.89)可重写为

$$\dot{V}(t)\leqslant-k\|\boldsymbol{s}\|-\mu_1(\|\hat{\boldsymbol{\theta}}\|+\Theta+\|\hat{\boldsymbol{\psi}}\|+\Psi)\tag{3.90}$$

由于

$$\|\hat{\boldsymbol{\theta}}\|+\Theta\geqslant\|\hat{\boldsymbol{\theta}}\|+\|\boldsymbol{\theta}\|\geqslant\|\hat{\boldsymbol{\theta}}-\boldsymbol{\theta}\|\tag{3.91}$$

$$\|\hat{\boldsymbol{\psi}}\|+\Psi\geqslant\|\hat{\boldsymbol{\psi}}\|+\|\boldsymbol{\psi}\|\geqslant\|\hat{\boldsymbol{\psi}}-\boldsymbol{\psi}\|\tag{3.92}$$

因此

$$\dot{V}(t)\leqslant-k\|\boldsymbol{s}\|-\mu_1(\|\hat{\boldsymbol{\theta}}-\boldsymbol{\theta}\|+\|\hat{\boldsymbol{\psi}}-\boldsymbol{\psi}\|)\tag{3.93}$$

根据引理 3.3 可得

$$\dot{V}(t)\leqslant-\sqrt{2}\mu\left(\frac{1}{2}\sum_{i=1}^{m}s_i^2+\frac{1}{2}\|\hat{\boldsymbol{\theta}}-\boldsymbol{\theta}\|^2+\frac{1}{2}\|\hat{\boldsymbol{\psi}}-\boldsymbol{\psi}\|^2\right)^{1/2}=-\sqrt{2}\mu V^{1/2}(t)\tag{3.94}$$

其中,$\mu=\min\{k,\mu_1\}>0$。

回顾引理 3.2 可知,式(3.94)表明在控制器(3.63)的作用下,式(3.52)的状态轨迹将在时间 T_2 内到达并保持在滑模面(3.53)上,证毕。

备注 3.4 根据定理 3.3 和定理 3.5,误差系统(3.52)将在有限时间内稳定,且控制器(3.63)对系统模型和外部非线性干扰的不确定性具有鲁棒性。

3.3.3 数值仿真

1. 异阶混沌系统的降阶同步仿真

在本小节中,通过两个实例来演示异阶混沌系统的降阶同步控制。

例 3.1 超混沌 Rössler 系统和 Lorenz 系统之间的有限时间降阶同步

Lorenz 系统的状态向量用于跟踪四阶超混沌 Rössler 系统的投影部分的状态向量,其中系统模型如下:

超混沌 Rössler 系统

$$\begin{cases}\dot{v}_1=-v_2-v_3\\ \dot{v}_2=v_1+k_1v_2+v_4,\\ \dot{v}_3=k_2+v_1v_3\\ \dot{v}_4=-k_3v_3+k_4v_4\end{cases}\tag{3.95}$$

当参数选择为 $k_1=0.25,k_2=3,k_3=0.5,k_4=0.05$ 时,系统可表现出混沌行为。

Lorenz 系统

$$\begin{cases}\dot{w}_1=b_1(w_2-w_1)\\ \dot{w}_2=b_2w_1-w_2-w_1w_3\\ \dot{w}_3=-b_3w_3+w_1w_2\end{cases}\tag{3.96}$$

当参数选择为 $b_1=10,b_2=28,b_3=8/3$ 时,系统是混沌的。

考虑系统的不确定性,式(3.95)的投影部分为

$$\begin{bmatrix}\dot{v}_1\\ \dot{v}_2\\ \dot{v}_3\end{bmatrix}=\underbrace{\begin{bmatrix}0&0\\ v_2&0\\ 0&1\end{bmatrix}}_{F(v)}\underbrace{\begin{bmatrix}0.25\\ 3\end{bmatrix}}_{\theta'}+\underbrace{\begin{bmatrix}-v_2-v_3\\ v_1+v_4\\ v_1v_3\end{bmatrix}}_{f(v)}+\underbrace{\begin{bmatrix}\Delta f_1\\ \Delta f_2\\ \Delta f_3\end{bmatrix}}_{\Delta f(v,t)}+\underbrace{\begin{bmatrix}d_1^p(t)\\ d_2^p(t)\\ d_3^p(t)\end{bmatrix}}_{d^p(t)}\tag{3.97}$$

其中

$$\begin{gathered}\Delta f_1=0.25\cos(3v_1)\\ \Delta f_2=0.15\sin(3v_2)\\ \Delta f_3=0.2\cos(5v_3)\\ d_i^p(t)=0.4\sin t,i=1,2,3\end{gathered}\tag{3.98}$$

将干扰项和控制器非线性输入项添加到式(3.95)中,则式(3.95)可写为

$$\begin{bmatrix}\dot{w}_1\\ \dot{w}_2\\ \dot{w}_3\end{bmatrix}=\underbrace{\begin{bmatrix}w_2-w_1&0&0\\ 0&w_1&0\\ 0&0&-w_3\end{bmatrix}}_{G(w)}\underbrace{\begin{bmatrix}10\\ 28\\ 8/3\end{bmatrix}}_{\psi}+\underbrace{\begin{bmatrix}0\\ -w_2-w_1w_3\\ w_1w_2\end{bmatrix}}_{g(w)}+\underbrace{\begin{bmatrix}\Delta g_1\\ \Delta g_2\\ \Delta g_3\end{bmatrix}}_{\Delta g(w,t)}+\underbrace{\begin{bmatrix}d_1^q(t)\\ d_2^q(t)\\ d_3^q(t)\end{bmatrix}}_{d^q(t)}+\begin{bmatrix}\varphi_1(u_1)\\ \varphi_2(u_2)\\ \varphi_3(u_3)\end{bmatrix}\tag{3.99}$$

其中

$$\begin{gathered}\Delta g_1=-0.35\sin(4w_1)\\ \Delta g_2=0.2\cos(3w_2)\\ \Delta g_3=-0.3\cos(2w_3)\\ d_i^q(t)=-0.4\cos t,i=1,2,3\\ \varphi_i(u_i)=(0.8+0.4\sin t)u_i,i=1,2,3\end{gathered}\tag{3.100}$$

根据式(3.19),u_i 可以设计为

$$\begin{cases}u_1(t)=\dfrac{e_1\zeta}{0.4\|\boldsymbol{e}\|}\\ u_2(t)=\dfrac{e_2\zeta}{0.4\|\boldsymbol{e}\|}\\ u_3(t)=\dfrac{e_3\zeta}{0.4\|\boldsymbol{e}\|}\end{cases}\tag{3.101}$$

其中

$$\zeta=\|\boldsymbol{f}(\boldsymbol{v})-\boldsymbol{g}(\boldsymbol{w})\|+\|\hat{\boldsymbol{\alpha}}\|+\|\hat{\boldsymbol{\beta}}\|+\|\hat{\boldsymbol{\theta}}'^{\mathrm{T}}[\boldsymbol{F}(\boldsymbol{v})]^{\mathrm{T}}-\hat{\boldsymbol{\psi}}^{\mathrm{T}}[\boldsymbol{G}(\boldsymbol{w})]^{\mathrm{T}}\|+1+\frac{\|\hat{\boldsymbol{\alpha}}\|+\|\hat{\boldsymbol{\beta}}\|+8}{\|\boldsymbol{e}\|}+\frac{\|\hat{\boldsymbol{\theta}}'\|+\|\hat{\boldsymbol{\psi}}\|+80}{\|\boldsymbol{e}\|} \tag{3.102}$$

设定系统(3.97)和系统(3.99)的初始值分别为

$$\boldsymbol{v}(0)=[-20,0,0]^{\mathrm{T}} \tag{3.103}$$

$$\boldsymbol{w}(0)=[5,3,1]^{\mathrm{T}} \tag{3.104}$$

选择相应自适应律$\hat{\boldsymbol{\theta}}'$、$\hat{\boldsymbol{\psi}}$、$\hat{\boldsymbol{\alpha}}$和$\hat{\boldsymbol{\beta}}$的初始值分别为

$$\hat{\boldsymbol{\theta}}'(0)=[2,2]^{\mathrm{T}} \tag{3.105}$$

$$\hat{\boldsymbol{\psi}}(0)=[1,1,1]^{\mathrm{T}} \tag{3.106}$$

$$\hat{\boldsymbol{\alpha}}(0)=[0.25,0.25,0.25]^{\mathrm{T}} \tag{3.107}$$

$$\hat{\boldsymbol{\beta}}(0)=[0.5,0.5,0.5]^{\mathrm{T}} \tag{3.108}$$

因此,通过数值仿真,式(3.97)和式(3.99)的误差系统状态轨迹如图3.1所示。由图3.1可知,误差系统状态轨迹可以在有限的时间内达到零点。同时,估计项$\hat{\boldsymbol{\theta}}'$、$\hat{\boldsymbol{\psi}}$、$\hat{\boldsymbol{\alpha}}$和$\hat{\boldsymbol{\beta}}$的状态轨迹分别如图3.2至图3.5所示。由仿真结果可知,估计项均可收敛到固定常数。

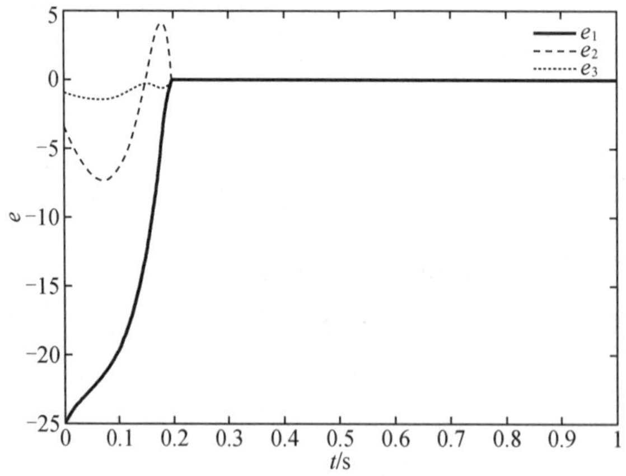

图3.1 误差系统状态轨迹

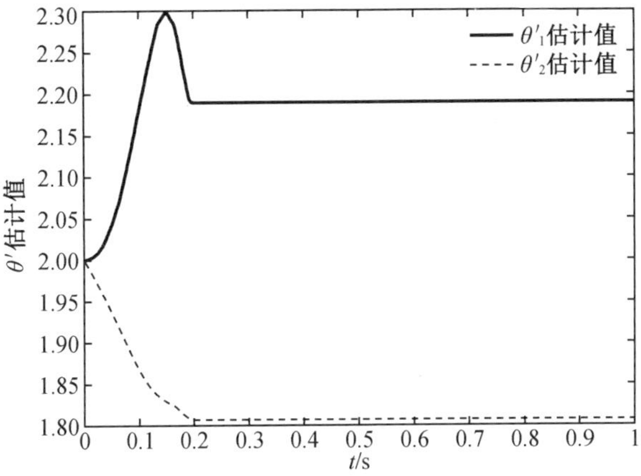

图 3. 2　系统参数$\boldsymbol{\theta}'$的估计值

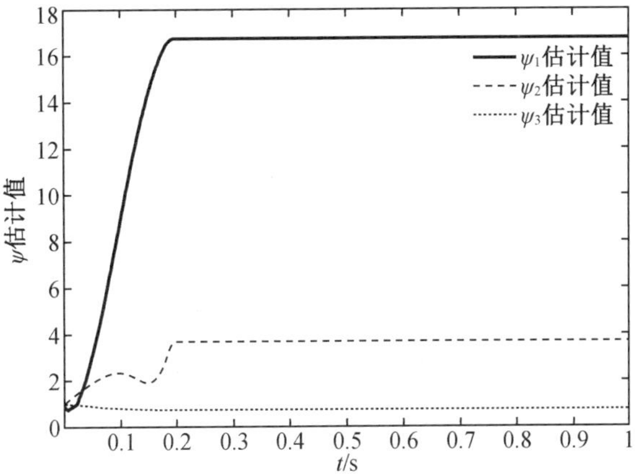

图 3. 3　系统参数 $\boldsymbol{\psi}$ 的估计值

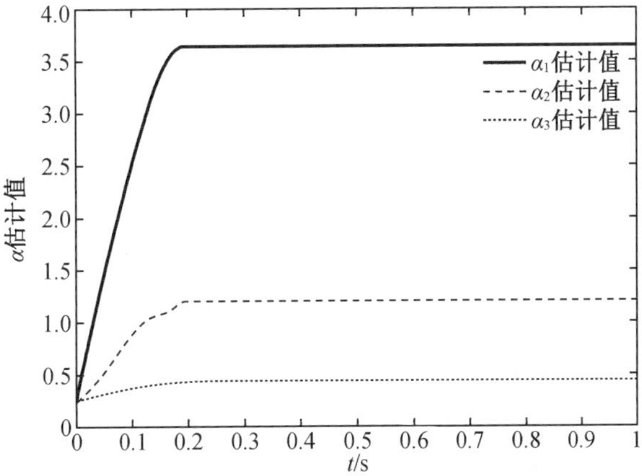

图 3. 4　不确定项 $\boldsymbol{\alpha}$ 的估计值

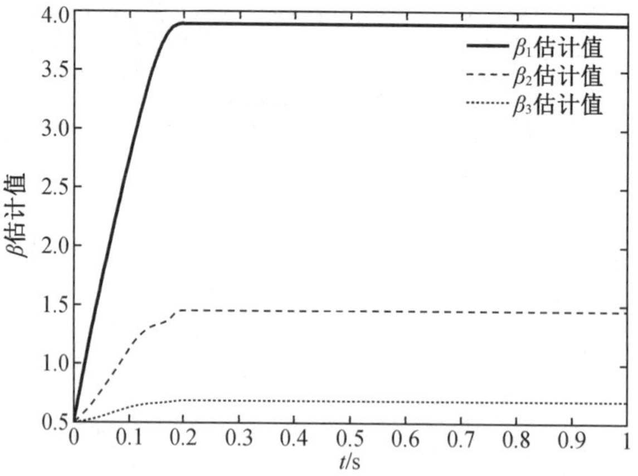

图 3.5　不确定项 β 的估计值

与参考文献[70]相比，本节提出的自适应同步控制器实现了异阶混沌的误差系统的有限时间稳定；同时，参数未知项和不确定项可以通过设计的自适应律来估计。

例 3.2　超混沌 Lorenz 系统和 Lü 系统之间的有限时间降阶同步

考虑到未知参数的数量差异对混沌同步的影响，选择以下混沌系统作为异阶混沌降阶同步的另一个实例。

超混沌 Lorenz 系统

$$\begin{cases}\dot{v}_1=k_1(v_2-v_1)+k_4v_4\\ \dot{v}_2=k_2v_1-v_1v_3-v_2\\ \dot{v}_3=v_1v_2-k_3v_3\\ \dot{v}_4=-v_1-k_1v_4\end{cases}\tag{3.109}$$

当参数选择为 $k_1=1,k_2=26,k_3=0.7,k_4=1.5$ 时，系统是混沌的。

Lü 系统

$$\begin{cases}\dot{w}_1=b_1(w_2-w_1)\\ \dot{w}_2=b_2w_2-w_1w_3\\ \dot{w}_3=-b_3w_3+w_1w_2\end{cases}\tag{3.110}$$

当参数选择为 $b_1=36,b_2=20,b_3=3$ 时，系统表现出混沌行为。

考虑系统模型的不确定项、干扰项和控制器的非线性输入，系统(3.109)的投影部分可以表示为

$$\begin{bmatrix}\dot{v}_1\\ \dot{v}_2\\ \dot{v}_3\end{bmatrix}=\underbrace{\begin{bmatrix}v_2-v_1 & 0 & 0 & v_4\\ 0 & v_1 & 0 & 0\\ 0 & 0 & -v_3 & 0\end{bmatrix}}_{F(v)}\underbrace{\begin{bmatrix}1\\ 26\\ 0.7\\ 1.5\end{bmatrix}}_{\theta'}+\underbrace{\begin{bmatrix}0\\ -v_1v_3-v_2\\ v_1v_2\end{bmatrix}}_{f(v)}+\underbrace{\begin{bmatrix}\Delta f_1\\ \Delta f_2\\ \Delta f_3\end{bmatrix}}_{\Delta f(v,t)}+\underbrace{\begin{bmatrix}d_1^p(t)\\ d_2^p(t)\\ d_3^p(t)\end{bmatrix}}_{d^p(t)}\tag{3.111}$$

和系统(3.110)可写为

$$\begin{bmatrix}\dot{w}_1\\ \dot{w}_2\\ \dot{w}_3\end{bmatrix}=\underbrace{\begin{bmatrix}w_2-w_1 & 0 & 0\\ 0 & w_2 & 0\\ 0 & 0 & -w_3\end{bmatrix}}_{G(w)}\underbrace{\begin{bmatrix}36\\ 20\\ 3\end{bmatrix}}_{\psi}+\underbrace{\begin{bmatrix}0\\ -w_1w_3\\ w_1w_2\end{bmatrix}}_{g(w)}+\underbrace{\begin{bmatrix}\Delta g_1\\ \Delta g_2\\ \Delta g_3\end{bmatrix}}_{\Delta g(w,t)}+\underbrace{\begin{bmatrix}d_1^q(t)\\ d_2^q(t)\\ d_3^q(t)\end{bmatrix}}_{d^q(t)}+\begin{bmatrix}\varphi_1(u_1)\\ \varphi_2(u_2)\\ \varphi_3(u_3)\end{bmatrix}\tag{3.112}$$

其中,系统中的模型不确定项和非线性干扰项的选择与例 3.1 相同,且 $\varphi_i(u_i)=(0.7+0.2\sin t)u_i, i=1,2,3$。

根据提出的控制器(3.19),可以得到

$$\begin{cases}u_1(t)=\dfrac{e_1\zeta}{0.5\|\boldsymbol{e}\|}\\ u_2(t)=\dfrac{e_2\zeta}{0.5\|\boldsymbol{e}\|}\\ u_3(t)=\dfrac{e_3\zeta}{0.5\|\boldsymbol{e}\|}\end{cases}\tag{3.113}$$

其中

$$\zeta=\|\boldsymbol{f}(\boldsymbol{v})-\boldsymbol{g}(\boldsymbol{w})\|+\|\hat{\boldsymbol{\alpha}}\|+\|\hat{\boldsymbol{\beta}}\|+\|\hat{\boldsymbol{\theta}}'^{\mathrm{T}}[\boldsymbol{F}(\boldsymbol{v})]^{\mathrm{T}}-\hat{\boldsymbol{\psi}}^{\mathrm{T}}[\boldsymbol{G}(\boldsymbol{w})]^{\mathrm{T}}\|+1+\frac{\|\hat{\boldsymbol{\alpha}}\|+\|\hat{\boldsymbol{\beta}}\|+6}{\|\boldsymbol{e}\|}+\frac{\|\hat{\boldsymbol{\theta}}'\|+\|\hat{\boldsymbol{\psi}}\|+90}{\|\boldsymbol{e}\|}\tag{3.114}$$

选择式(3.111)和式(3.112)的初始值分别为

$$\boldsymbol{v}(0)=[1,0,-1]^{\mathrm{T}}\tag{3.115}$$

$$\boldsymbol{w}(0)=[-1,1,2]^{\mathrm{T}}\tag{3.116}$$

自适应律 $\hat{\boldsymbol{\theta}}'$、$\hat{\boldsymbol{\psi}}$、$\hat{\boldsymbol{\alpha}}$ 和 $\hat{\boldsymbol{\beta}}$ 的初始值分别为

$$\hat{\boldsymbol{\theta}}'(0)=[2,2,2,2]^{\mathrm{T}}\tag{3.117}$$

$$\hat{\boldsymbol{\psi}}(0)=[1,1,1]^{\mathrm{T}}\tag{3.118}$$

$$\hat{\boldsymbol{\alpha}}(0)=[0.25,0.25,0.25]^{\mathrm{T}}\tag{3.119}$$

$$\hat{\boldsymbol{\beta}}(0)=[0.5,0.5,0.5]^{\mathrm{T}}\tag{3.120}$$

通过数值仿真,式(3.111)和式(3.112)的误差系统状态轨迹如图 3.6 所示,由图可知,式(3.111)和式(3.112)的状态轨迹可以在有限的时间内达到同步。同时,估计项 $\hat{\boldsymbol{\theta}}'$、$\hat{\boldsymbol{\psi}}$、$\hat{\boldsymbol{\alpha}}$ 和 $\hat{\boldsymbol{\beta}}$ 的状态轨迹分别如图 3.7 至图 3.10 所示,且可以观测到所有估计项均可收敛。

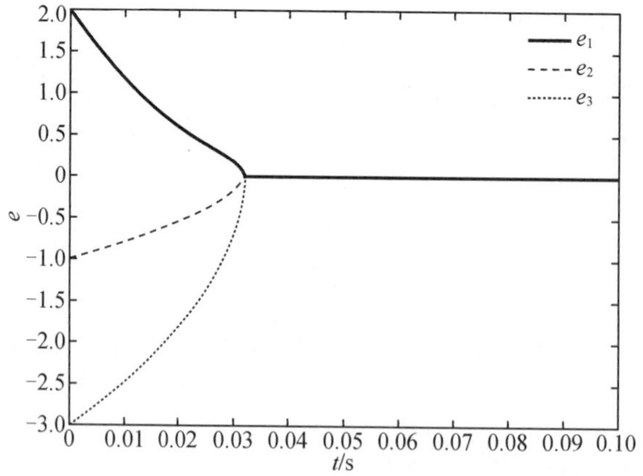

图 3.6　误差系统的状态轨迹

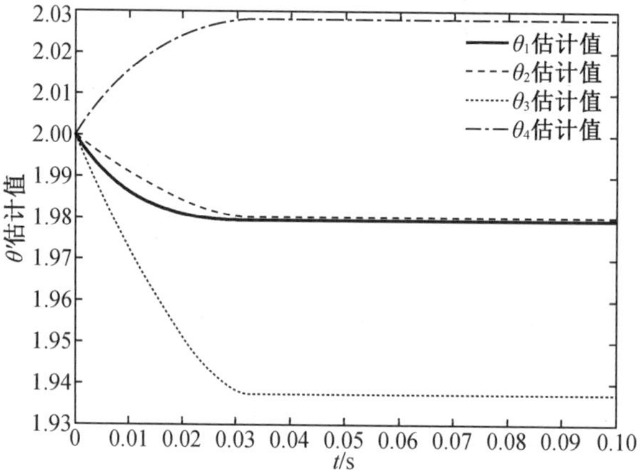

图 3.7　系统参数$\boldsymbol{\theta}'$的估计值

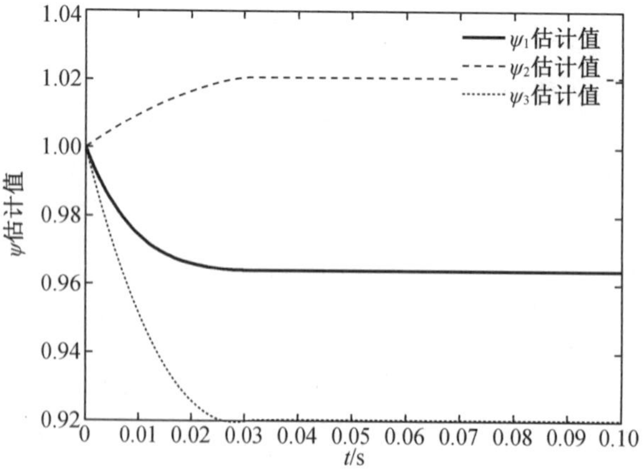

图 3.8　系统参数 $\boldsymbol{\psi}$ 的估计值

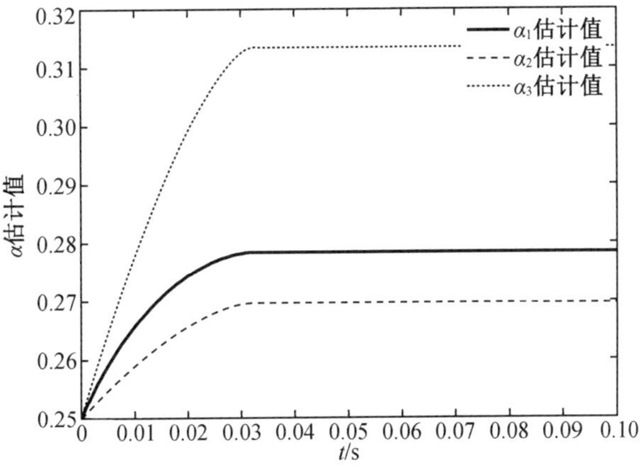

图 3.9　不确定项 α 的估计值

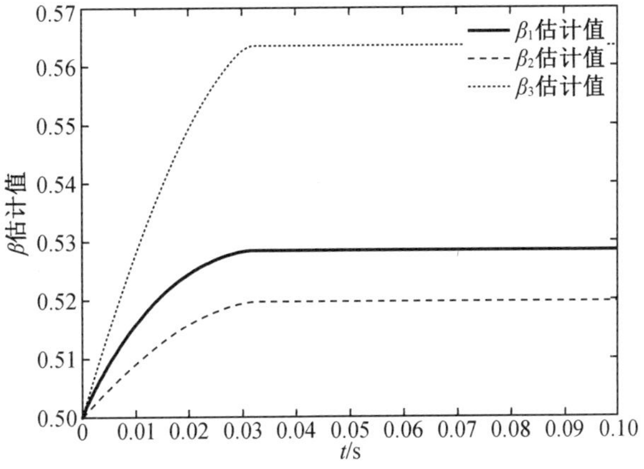

图 3.10　不确定项 β 的估计值

通过两个仿真实例,表明参数未知的不确定性异阶混沌系统的降阶同步模型可以包含众多已知混沌系统同步,且提出的基于自适应律的同步控制器对参数未知的不确定性异阶混沌系统的同步控制是有效的。

2. 异阶混沌系统的升阶同步仿真

在本小节中,控制器(3.63)将用于同步 Lorenz 系统和超混沌 Rössler 系统。考虑到模型不确定项、干扰项和控制器非线性输入在升阶同步中的影响,驱动系统和响应系统分别写为

$$\begin{bmatrix}\dot{v}_1\\ \dot{v}_2\\ \dot{v}_3\end{bmatrix}=\underbrace{\begin{bmatrix}0\\ -v_2-v_1v_3\\ v_1v_2\end{bmatrix}}_{f(v)}+\underbrace{\begin{bmatrix}v_2-v_1 & 0 & 0\\ 0 & v_1 & 0\\ 0 & 0 & -v_3\end{bmatrix}}_{F(v)}\underbrace{\begin{bmatrix}10\\ 28\\ 8/3\end{bmatrix}}_{\theta}+\underbrace{\begin{bmatrix}-0.45\sin(4v_1)\\ 0.25\cos(3v_2)\\ -0.35\cos(2v_3)\end{bmatrix}}_{\Delta f(v,t)}+\underbrace{\begin{bmatrix}-0.2\cos t\\ -0.1\cos t\\ -0.3\cos t\end{bmatrix}}_{d^P(t)}\tag{3.121}$$

$$\underbrace{\begin{bmatrix}\dot{w}_1\\\dot{w}_2\\\dot{w}_3\\\dot{w}_4\end{bmatrix}}=\underbrace{\begin{bmatrix}-w_1w_3\\w_1+w_4\\w_1w_3\\0\end{bmatrix}}_{g(w)}+\underbrace{\begin{bmatrix}0&0&0&0\\w_2&0&0&0\\0&1&0&0\\0&0&-w_3&w_4\end{bmatrix}}_{G(w)}\underbrace{\begin{bmatrix}0.25\\3\\0.5\\0.05\end{bmatrix}}_{\psi}+\underbrace{\begin{bmatrix}-0.2\cos(3w_1)\\0.25\sin(3w_2)\\0.15\sin(5w_3)\\-0.35\sin(3w_4)\end{bmatrix}}_{\Delta g(w,t)}+\underbrace{\begin{bmatrix}0.5\sin t\\0.2\sin t\\0.4\sin t\\0.3\sin t\end{bmatrix}}_{d^q(t)}+\begin{bmatrix}\varphi_1(u_1)\\\varphi_2(u_2)\\\varphi_3(u_3)\\\varphi_4(u_4)\end{bmatrix} \tag{3.122}$$

设计的滑模面(3.53)为

$$\begin{cases}s_1=e_1(t)+\int_0^t e_1(\tau)+\operatorname{sgn}(e_1(\tau))\,|e_1(\tau)|^{1/5}\mathrm{d}\tau\\s_2=e_2(t)+\int_0^t e_2(\tau)+\operatorname{sgn}(e_2(\tau))\,|e_2(\tau)|^{1/5}\mathrm{d}\tau\\s_3=e_3(t)+\int_0^t e_3(\tau)+\operatorname{sgn}(e_3(\tau))\,|e_3(\tau)|^{1/5}\mathrm{d}\tau\\s_4=e_4(t)+\int_0^t e_4(\tau)+\operatorname{sgn}(e_4(\tau))\,|e_4(\tau)|^{1/5}\mathrm{d}\tau\end{cases} \tag{3.123}$$

提出的控制器(3.63)为

$$\begin{cases}u_1(t)=\dfrac{\chi s_1}{0.3\|\boldsymbol{s}\|}\\u_2(t)=\dfrac{\chi s_2}{0.3\|\boldsymbol{s}\|}\\u_3(t)=\dfrac{\chi s_3}{0.3\|\boldsymbol{s}\|}\\u_4(t)=\dfrac{\chi s_4}{0.3\|\boldsymbol{s}\|}\end{cases} \tag{3.124}$$

其中

$$\chi=\|\boldsymbol{M}\|+5+5+\|\hat{\boldsymbol{\theta}}^{\mathrm{T}}[\boldsymbol{F}(\boldsymbol{v})]^{\mathrm{T}}-\hat{\boldsymbol{\psi}}^{\mathrm{T}}[\boldsymbol{G}(\boldsymbol{w})]^{\mathrm{T}}\|+1+\|\boldsymbol{N}\|+\frac{\mu_1(\|\hat{\boldsymbol{\theta}}\|+20+\|\hat{\boldsymbol{\psi}}\|+20)}{\|\boldsymbol{s}\|} \tag{3.125}$$

在数值仿真中,Lorenz 系统和超混沌 Rössler 系统的初始值分别为

$$\boldsymbol{v}_0=[1,2,-1]^{\mathrm{T}} \tag{3.126}$$

$$\boldsymbol{w}_0=[2,1,-2,3]^{\mathrm{T}} \tag{3.127}$$

未知参数的自适应率的初始条件为

$$\hat{\boldsymbol{\theta}}_0=[2,2,2]^{\mathrm{T}} \tag{3.128}$$

$$\hat{\boldsymbol{\psi}}_0=[1,1,1,1]^{\mathrm{T}} \tag{3.129}$$

控制器的非线性输入函数为

$$\varphi_i(u_i)=(0.5+0.2\sin t)u_i, i=1,2,3,4 \tag{3.130}$$

因此,误差系统的状态轨迹如图3.11所示。显然,式(3.121)和式(3.122)状态轨迹可以在有限的时间内实现同步。同时,未知参数向量 $\boldsymbol{\theta}$ 和 $\boldsymbol{\psi}$ 的估计值分别如图3.12和图3.13所示。由图3.12和图3.13可知,未知参数的估计可以收敛到固定常数。通过数值仿真,提出的终端滑模控制器可以保证误差系统的有限时间收敛,且提出的参数自适应律可以估计未知参数向量的值。

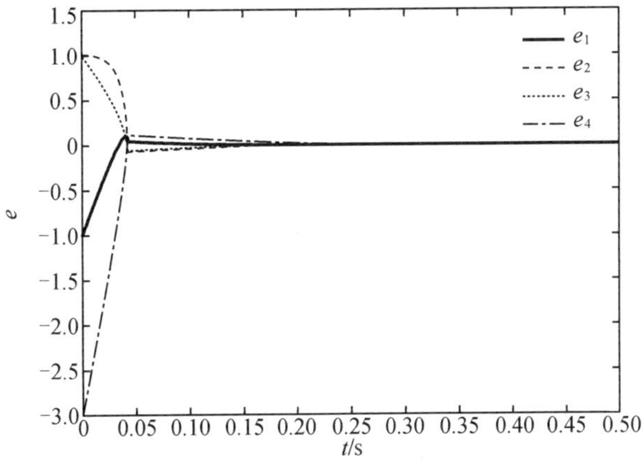

图3.11　误差系统的状态轨迹

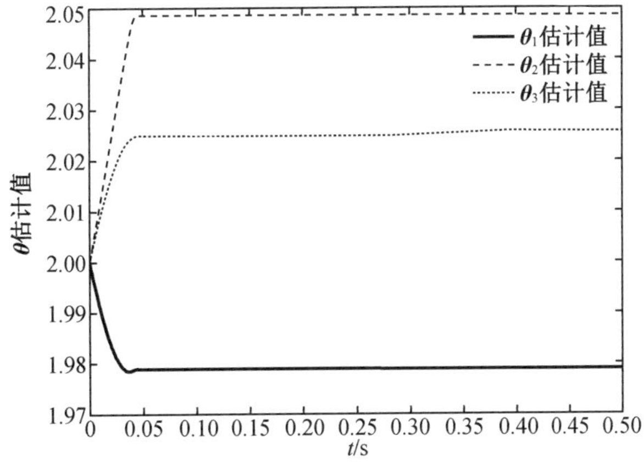

图3.12　系统参数向量 $\boldsymbol{\theta}$ 的估计值

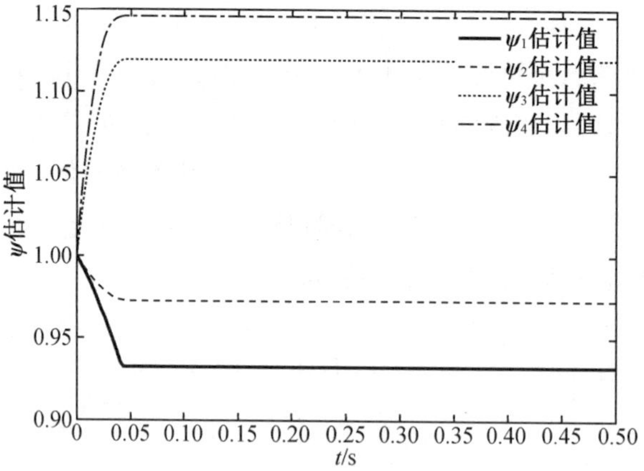

图 3.13　系统参数向量 ψ 的估计值

由仿真结果可知，与传统的滑模控制相比，提出的基于参数未知的自适应终端滑模控制器可以实现系统有限时间稳定，且可以保证未知参数的收敛性。

3.4　本章小结

本章考虑了不确定性因素对异阶混沌系统同步控制的影响，其中不确定性因素包括未知参数、建模过程中的不确定项、外界环境的非线性干扰以及控制器的非线性输入等因素，通过对异阶混沌系统模型的处理，建立了统一异阶混沌系统同步模型。在以往的文献中，只是简单地考虑了部分不确定因素对异阶混沌同步的影响，本章全面的考虑了上述不确定因素对异阶混沌同步的影响，且利用有限时间理论和李雅普诺夫稳定性原理，提出了终端滑模控制器和自适应有限时间控制器，实现了异阶混沌系统的同步控制。由仿真结果可知，误差系统的状态轨迹可以在有限时间内收敛到零，且未知项的估计也可以收敛到固定常数。因此，提出的控制器对实现不确定性异阶混沌同步控制是有效的。

目前，针对混沌系统的同步研究，并不仅仅局限于一对一的系统模型，而是向多混沌系统的同步研究上扩展。同时，完全同步已经不能满足基于混沌同步安全通信的可靠性需求，研究多混沌系统的投影同步控制更具有现实意义，下一步我们将对其进行讨论。

第4章　不确定性多混沌系统的有限时间观测器投影同步控制

4.1 引　　言

针对多混沌系统同步问题，Chen 等[83]通过设计滑模控制器实现了多混沌系统同步误差系统的渐近稳定。但是，上述文献没有考虑系统的收敛时间，也未实现系统中不确定项的估计。因此，考虑到不确定性因素对多混沌系统同步控制的影响，本章提出了一种基于超螺旋观测器的有限时间控制器，以实现带有外部干扰的不确定性多混沌系统的两种同步模式，包括一对多混沌系统同步和传递混沌同步。其中，设计的超螺旋观测器能在有限时间内正确估计混沌系统的不确定项的真实值；基于李雅普诺夫稳定性和有限时间控制理论，提出的控制器可以实现两种同步模式的有限时间修正投影同步。从理论上证明了超螺旋观测器算法能够在多混沌系统同步过程中实现对系统中不确定项的估计，并且设计的控制器能够实现系统的有限时间收敛。通过数值仿真，进一步验证了所提出的控制器的有效性。最后，本章还讨论了一种基于多混沌系统传递混沌同步的安全通信应用。

4.2 一种不确定性多混沌系统的模型描述和预备知识

考虑带有外部干扰项的 N 个不同的 m 维不确定性混沌系统，其中第 1 个混沌系统被描述为

$$\begin{cases}\dot{x}_{11}(t)=f_{11}(x_1,t)+\Delta f_{11}(x_1,t)+d_{11}(t)\\ \dot{x}_{12}(t)=f_{12}(x_1,t)+\Delta f_{12}(x_1,t)+d_{12}(t)\\ \vdots\\ \dot{x}_{1m}(t)=f_{1m}(x_1,t)+\Delta f_{1m}(x_1,t)+d_{1m}(t)\end{cases} \tag{4.1}$$

其中，$\boldsymbol{x}_1=[x_{11},x_{12},\cdots,x_{1m}]^{\mathrm{T}}$，是状态向量；$\boldsymbol{f}_1(x_1,t)=[f_{11}(x_1,t),f_{12}(x_1,t),\cdots,f_{1m}(x_1,t)]^{\mathrm{T}}$，是系统连续非线性项；$\Delta\boldsymbol{f}_1(x_1,t)=[\Delta f_{11}(x_1,t),\Delta f_{12}(x_1,t),\cdots,\Delta f_{1m}(x_1,t)]^{\mathrm{T}}$，$\boldsymbol{d}_1(t)=[d_{11}(t),d_{12}(t),\cdots,d_{1m}(t)]^{\mathrm{T}}$，分别是系统模型的不确定项和外部干扰项。

将 $N-1$ 个混沌系统统一描述为

$$\begin{cases}\dot{x}_{n1}(t)=f_{n1}(x_n,t)+\Delta f_{n1}(x_n,t)+d_{n1}(t)+u_{n1}\\ \dot{x}_{n2}(t)=f_{n2}(x_n,t)+\Delta f_{n2}(x_n,t)+d_{n2}(t)+u_{n2}\\ \vdots\\ \dot{x}_{nm}(t)=f_{nm}(x_n,t)+\Delta f_{nm}(x_n,t)+d_{nm}(t)+u_{nm}\end{cases} \tag{4.2}$$

其中，$n=2,3,\cdots,N$；$\boldsymbol{x}_n=[x_{n1},x_{n2},\cdots,x_{nm}]^{\mathrm{T}}$，表示非线性系统的状态向量；$\boldsymbol{f}_n(x_n,t)=[f_{n1}(x_n,t),f_{n2}(x_n,t),\cdots,f_{nm}(x_n,t)]^{\mathrm{T}}$，为非线性函数向量；$\Delta\boldsymbol{f}_n(x_n,t)=[\Delta f_{n1}(x_n,t),\Delta f_{n2}(x_n,t),\cdots,\Delta f_{nm}(x_n,t)]^{\mathrm{T}}$，$\boldsymbol{d}_n(t)=[d_{n1}(t),d_{n2}(t),\cdots,d_{nm}(t)]^{\mathrm{T}}$，分别是系统的模型不确定向量和外部干扰向量；$\boldsymbol{u}_n=[u_{n1},u_{n2},\cdots,u_{nm}]^{\mathrm{T}}$，为系统的控制器输入项。

上述系统模型将用于研究一个驱动系统和多个响应系统之间的修正投影同步（MPS）和传递修正投影同步（TMPS）问题。在讨论同步控制之前，给出了以下必要的定义和假设条件。

定义 4.1　对于驱动系统（4.1）和多个响应系统（4.2），如果存在满足以下条件的常数 T

$$\lim_{t\to T}\|\boldsymbol{e}_n\|=\lim_{t\to T}\|\boldsymbol{x}_1-\boldsymbol{\omega}_n\boldsymbol{x}_n\|=0,n=2,3,\cdots,N \tag{4.3}$$

和 $\|\boldsymbol{e}_n\|=\|\boldsymbol{x}_1-\boldsymbol{\omega}_n\boldsymbol{x}_n\|\equiv0,t\geqslant T$，其中 $\boldsymbol{\omega}_n=\mathrm{diag}\{\omega_{n1},\omega_{n2},\cdots,\omega_{nm}\}$，那么多个混沌系统的 MPS 误差状态轨迹可以在有限时间 T 内收敛到零。

定义 4.2　考虑上述多混沌系统，我们假设在时间 t 上，后一个系统的状态轨迹一直跟踪前一个系统的状态轨迹，直到所有混沌系统均同步，即

$$\lim_{t\to T}\|\boldsymbol{e}'_n\|=\lim_{t\to T}\|\boldsymbol{x}_{n-1}-\boldsymbol{v}_n\boldsymbol{x}_n\|=0,n=2,3,\cdots,N \tag{4.4}$$

和 $\|\boldsymbol{e}'_n\|=\|\boldsymbol{x}_{n-1}-\boldsymbol{v}_n\boldsymbol{x}_n\|\equiv0,t\geqslant T'$，其中 $\boldsymbol{v}_n=\mathrm{diag}\{v_{n1},v_{n2},\cdots,v_{nm}\}$，那么 TMPS 可以在有限时间内实现。

假设 4.1　假设两种多混沌系统同步模式的不确定项 $d^{e}_{ni}(x_1,x_n,t)=\Delta f_{1i}(x_1,t)+d_{1i}(t)-\omega_{ni}[\Delta f_{ni}(x_n,t)+d_{ni}(t)]$ 和 $d^{e'}_{ni}(x_{n-1},x_n,t)=\Delta f_{n-1i}(x_{n-1},t)+d_{n-1i}(t)-v_{ni}[\Delta f_{ni}(x_n,t)+d_{ni}(t)]$，$i=1,2,\cdots,m$ 均存在对时间 t 的一阶导数，且导数满足以下不等式：

$$\begin{cases} |\dot{d}^{e}_{ni}(x_1,x_n,t)| \leqslant \varepsilon_{0i} \\ |\dot{d}^{e'}_{ni}(x_{n-1},x_n,t)| \leqslant \varepsilon_{1i} \end{cases} \tag{4.5}$$

其中，ε_{0i}、ε_{1i} 是正常数。

本章的目标是根据定义 4.1 和定义 4.2，在提出的控制器作用下实现多混沌系统的有限时间同步控制。其中以下引理对于证明定理的有效性是必要的。

引理 4.1[142]　如果非线性动力学系统的李雅普诺夫函数满足以下条件：

$$\dot{V}(y)+\mu V(y)+\rho V^{\gamma}(y) \leqslant 0 \tag{4.6}$$

那么，系统可以保证有限时间内稳定，且时间 t 满足

$$t \leqslant \frac{1}{\mu(1-\gamma)}\ln\frac{\mu V^{1-\gamma}[y(0)]+\rho}{\rho} \tag{4.7}$$

其中，系数 μ、$\rho>0$；$0<\gamma<1$。

在以下两个小节中，处理两种多混沌系统同步模式的过程包括两个步骤。首先，设计了一种基于超螺旋有限时间观测器算法来估计系统不确定项。其次，提出了一种控制器，以保证误差系统可以在有限的时间内收敛到零。另外，本章利用基于多混沌系统的 TMPS 实现了信号安全通信实验。

4.3　一对多混沌系统的有限时间观测器投影同步控制

4.3.1　一对多混沌同步的观测器设计

根据定义 4.1，可以将式(4.1)和式(4.2)之间的 MPS 误差系统写为

$$\begin{aligned} \dot{e}_{ni} &= \dot{x}_{1i}(t)-\omega_{ni}\dot{x}_{ni}(t) \\ &= f_{1i}(x_1,t)+\Delta f_{1i}(x_1,t)+d_{1i}(t)-\omega_{ni}[f_{ni}(x_n,t)+\Delta f_{ni}(x_n,t)+d_{ni}(t)+u_{ni}] \\ &= f_{1i}(x_1,t)-\omega_{ni}f_{ni}(x_n,t)+\Delta f_{1i}(x_1,t)+d_{1i}(t)-\omega_{ni}[\Delta f_{ni}(x_n,t)+d_{ni}(t)]-\omega_{ni}u_{ni} \\ &= f_{1i}(x_1,t)-\omega_{ni}f_{ni}(x_n,t)-\omega_{ni}u_{ni}+d^{e}_{ni} \end{aligned} \tag{4.8}$$

其中，$d^{e}_{ni}=\Delta f_{1i}(x_1,t)+d_{1i}(t)-\omega_{ni}[\Delta f_{ni}(x_n,t)+d_{ni}(t)]$，是完全未知的。

因此，将基于超螺旋算法的观测器系统设计为

$$\begin{cases} \dot{\hat{e}}_{ni}=f_{1i}(x_1,t)-\omega_{ni}f_{ni}(x_n,t)-\omega_{ni}u_{ni}-\alpha_{ni}|\hat{e}_{ni}-e_{ni}|^{1/2}\operatorname{sign}(\hat{e}_{ni}-e_{ni})+\hat{d}^{e}_{ni} \\ \dot{\hat{d}}^{e}_{ni}=-\beta_{ni}\operatorname{sign}(\hat{e}_{ni}-e_{ni}) \end{cases} \tag{4.9}$$

其中，α_{ni}、β_{ni} 是增益系数，且 $\hat{e}_{ni}$、$\hat{d}^{e}_{ni}$ 是 e_{ni} 和 d^{e}_{ni} 的估计值。

结合式(4.8)和式(4.9)，可以得到观测器误差系统为

$$\begin{cases}\dot{\tilde{e}}_{ni}=-\alpha_{ni}|\tilde{e}_{ni}|^{1/2}\mathrm{sign}(\tilde{e}_{ni})+\tilde{d}^e_{ni}\\ \dot{\tilde{d}}^e_{ni}=-\beta_{ni}\mathrm{sign}(\tilde{e}_{ni})-\dot{d}^e_{ni}\end{cases} \tag{4.10}$$

其中，$\tilde{e}_{ni}=\hat{e}_{ni}-e_{ni}$；$\tilde{d}^e_{ni}=\hat{d}^e_{ni}-d^e_{ni}$；$\alpha_{ni}$、$\beta_{ni}>0$。由于式(4.10)的不连续性，因此考虑系统在Filippov的意义上有解[146]。

根据参考文献[90]和参考文献[147]，可以得出以下结论。其中，以下定理研究了误差系统(4.8)的不确定项 d^e_{ni} 可以在有限时间内收敛到真实值。

定理4.1 如果 $\dot{d}^e_{ni}$ 满足假设4.1的条件，且系数满足

$$\begin{cases}\alpha_{ni}>2\\ \beta_{ni}>\dfrac{\varepsilon_{0i}^2(4\alpha_{ni}-8)+\alpha_{ni}^3}{\alpha_{ni}(4\alpha_{ni}-8)}\end{cases} \tag{4.11}$$

那么，观测器误差系统(4.10)的状态轨迹可以在有限时间内收敛为零，即存在一个时间常数 $T_{\tilde{e}_{ni}}$，使得 $\hat{e}_{ni}-e_{ni}=0$，$\hat{d}^e_{ni}-d^e_{ni}=0$（对于 $t\geq T_{\tilde{e}_{ni}}$）。

证明 选择向量

$$\boldsymbol{\zeta}=[\zeta_0\quad \zeta_1]^{\mathrm{T}}=[\,|\tilde{e}_{ni}|^{1/2}\mathrm{sign}(e_{ni}),\tilde{d}^e_{ni}]^{\mathrm{T}} \tag{4.12}$$

和一个对称正定矩阵 $\boldsymbol{B}$，且

$$\boldsymbol{B}=\frac{1}{2}\begin{bmatrix}4\beta_{ni}+\alpha_{ni}^2 & -\alpha_{ni}\\ -\alpha_{ni} & 2\end{bmatrix} \tag{4.13}$$

那么，选择以下二次型李雅普诺夫函数

$$V_1=\boldsymbol{\zeta}^{\mathrm{T}}\boldsymbol{B}\boldsymbol{\zeta}=2\beta_{ni}|\tilde{e}_{ni}|+\frac{1}{2}\tilde{d}^{e\,2}_{ni}+\frac{1}{2}[\alpha_{ni}|\tilde{e}_{ni}|^{1/2}\mathrm{sign}(\tilde{e}_{ni})-\tilde{d}^e_{ni}]^2 \tag{4.14}$$

由于

$$\frac{\mathrm{d}|\tilde{e}_{ni}|}{\mathrm{d}t}=\dot{\tilde{e}}_{ni}\mathrm{sign}(\tilde{e}_{ni}) \tag{4.15}$$

因此，根据式(4.10)，$\boldsymbol{\zeta}$ 的导数为

$$\begin{aligned}\dot{\boldsymbol{\zeta}}&=\begin{bmatrix}\dfrac{1}{2|\tilde{e}_{ni}|^{1/2}}\dot{\tilde{e}}_{ni} & \dot{\tilde{d}}^e_{ni}\end{bmatrix}^{\mathrm{T}}\\ &=\frac{1}{|\tilde{e}_{ni}|^{1/2}}\begin{bmatrix}\dfrac{1}{2}\dot{\tilde{e}}_{ni} & |\tilde{e}_{ni}|^{1/2}\dot{\tilde{d}}^e_{ni}\end{bmatrix}^{\mathrm{T}}\\ &=\frac{1}{|\tilde{e}_{ni}|^{1/2}}\left(\begin{bmatrix}-\dfrac{1}{2}\alpha_{ni} & \dfrac{1}{2}\\ -\beta_{ni} & 0\end{bmatrix}\begin{bmatrix}|\tilde{e}_{ni}|^{1/2}\mathrm{sign}(\tilde{e}_{ni})\\ \tilde{d}^e_{ni}\end{bmatrix}+\begin{bmatrix}0\\ |\tilde{e}_{ni}|^{1/2}\dot{d}^e_{ni}\end{bmatrix}\right)\end{aligned}$$

$$=\frac{1}{|\tilde{e}_{ni}|^{1/2}}(\boldsymbol{R\zeta}+\boldsymbol{P}\tilde{d}) \tag{4.16}$$

其中

$$\boldsymbol{R}=\begin{bmatrix} -\frac{1}{2}\alpha_{ni} & \frac{1}{2} \\ -\beta_{ni} & 0 \end{bmatrix} \tag{4.17}$$

$$\boldsymbol{P}=[0\quad 1]^{\mathrm{T}} \tag{4.18}$$

$$\tilde{d}=|\tilde{e}_{ni}|^{1/2}\dot{d}_{ni}^{e} \tag{4.19}$$

因此,式(4.14)对时间 t 的导数为

$$\begin{aligned}\dot{V}_1&=\dot{\boldsymbol{\zeta}}^{\mathrm{T}}\boldsymbol{B\zeta}+\boldsymbol{\zeta}^{\mathrm{T}}\boldsymbol{B}\dot{\boldsymbol{\zeta}}\\&=\frac{1}{|\tilde{e}_{ni}|^{1/2}}(\boldsymbol{\zeta}^{\mathrm{T}}\boldsymbol{R}^{\mathrm{T}}\boldsymbol{B\zeta}+\tilde{d}\boldsymbol{P}^{\mathrm{T}}\boldsymbol{B\zeta})+\boldsymbol{\zeta}^{\mathrm{T}}\boldsymbol{B}\frac{1}{|\tilde{e}_{ni}|^{1/2}}(\boldsymbol{R\zeta}+\boldsymbol{P}\tilde{d})\\&=\frac{1}{|\tilde{e}_{ni}|^{1/2}}[\boldsymbol{\zeta}^{\mathrm{T}}\boldsymbol{R}^{\mathrm{T}}\boldsymbol{B\zeta}+\boldsymbol{\zeta}^{\mathrm{T}}\boldsymbol{BR\zeta}+\tilde{d}(\boldsymbol{P}^{\mathrm{T}}\boldsymbol{B\zeta}+\boldsymbol{\zeta}^{\mathrm{T}}\boldsymbol{BP})]\\&\leqslant\frac{1}{|\tilde{e}_{ni}|^{1/2}}(\boldsymbol{\zeta}^{\mathrm{T}}\boldsymbol{R}^{\mathrm{T}}\boldsymbol{B\zeta}+\boldsymbol{\zeta}^{\mathrm{T}}\boldsymbol{BR\zeta}+\tilde{d}^2+\boldsymbol{\zeta}^{\mathrm{T}}\boldsymbol{BPP}^{\mathrm{T}}\boldsymbol{B\zeta})\end{aligned} \tag{4.20}$$

根据假设 4.1,由于$|\dot{d}_{ni}^{e}|\leqslant\varepsilon_{0i}$,那么$\tilde{d}^2\leqslant|\tilde{e}_{ni}|\varepsilon_{0i}^2$。因此,式(4.20)可以进一步得到

$$\begin{aligned}\dot{V}_1&\leqslant\frac{1}{|\tilde{e}_{ni}|^{1/2}}(\boldsymbol{\zeta}^{\mathrm{T}}\boldsymbol{R}^{\mathrm{T}}\boldsymbol{B\zeta}+\boldsymbol{\zeta}^{\mathrm{T}}\boldsymbol{BR\zeta}+\tilde{d}^2+\boldsymbol{\zeta}^{\mathrm{T}}\boldsymbol{BPP}^{\mathrm{T}}\boldsymbol{B\zeta}-\tilde{d}^2+|\tilde{e}_{ni}|\varepsilon_{0i}^2)\\&=\frac{1}{|\tilde{e}_{ni}|^{1/2}}(\boldsymbol{\zeta}^{\mathrm{T}}\boldsymbol{R}^{\mathrm{T}}\boldsymbol{B\zeta}+\boldsymbol{\zeta}^{\mathrm{T}}\boldsymbol{BR\zeta}+\tilde{d}^2+\boldsymbol{\zeta}^{\mathrm{T}}\boldsymbol{BPP}^{\mathrm{T}}\boldsymbol{B\zeta}-\tilde{d}^2+\varepsilon_{0i}^2\boldsymbol{\zeta}^{\mathrm{T}}\boldsymbol{\chi}^{\mathrm{T}}\boldsymbol{\chi\zeta})\\&=\frac{1}{|\tilde{e}_{ni}|^{1/2}}\boldsymbol{\zeta}^{\mathrm{T}}(\boldsymbol{R}^{\mathrm{T}}\boldsymbol{B}+\boldsymbol{BR}+\boldsymbol{BPP}^{\mathrm{T}}\boldsymbol{B}+\varepsilon_{0i}^2\boldsymbol{\chi}^{\mathrm{T}}\boldsymbol{\chi})\boldsymbol{\zeta}\\&=-\frac{1}{|\tilde{e}_{ni}|^{1/2}}\boldsymbol{\zeta}^{\mathrm{T}}\boldsymbol{B}'\boldsymbol{\zeta}\end{aligned} \tag{4.21}$$

其中

$$\boldsymbol{B}'=-(\boldsymbol{R}^{\mathrm{T}}\boldsymbol{B}+\boldsymbol{BR}+\boldsymbol{BPP}^{\mathrm{T}}\boldsymbol{B}+\varepsilon_{0i}^2\boldsymbol{\chi}^{\mathrm{T}}\boldsymbol{\chi}) \tag{4.22}$$

$$\boldsymbol{\chi}=[1\quad 0] \tag{4.23}$$

将式(4.13)、式(4.17)、式(4.18)、式(4.23)代入矩阵$\boldsymbol{B}'$可知

$$B' = -\begin{bmatrix} -\alpha_{ni}\beta_{ni} - \frac{\alpha_{ni}^3}{2} + \varepsilon_{0i}^2 + \frac{\alpha_{ni}^2}{4} & \frac{\alpha_{ni}^2}{2} - \frac{\alpha_{ni}}{2} \\ \frac{\alpha_{ni}^2}{2} - \frac{\alpha_{ni}}{2} & 1 - \frac{\alpha_{ni}}{2} \end{bmatrix} \tag{4.24}$$

为了确保 $\dot{V}_1<0$,对于所有 t,矩阵$\boldsymbol{B}'$必须为正定。基于矩阵 Schur 补定理,式(4.24)应满足以下条件:

$$\begin{cases} 1-\frac{\alpha_{ni}}{2}<0 \\ -\alpha_{ni}\beta_{ni}-\frac{\alpha_{ni}^3}{2}+\varepsilon_{0i}^2+\frac{\alpha_{ni}^2}{4}-\left(\frac{\alpha_{ni}^2}{2}-\frac{\alpha_{ni}}{2}\right)\left(1-\frac{\alpha_{ni}}{2}\right)^{-1}\left(\frac{\alpha_{ni}^2}{2}-\frac{\alpha_{ni}}{2}\right)<0 \end{cases} \tag{4.25}$$

即$\begin{cases} \alpha_{ni}>2 \\ \beta_{ni}>\dfrac{\varepsilon_{0i}^2(4\alpha_{ni}-8)+\alpha_{ni}^3}{\alpha_{ni}(4\alpha_{ni}-8)} \end{cases}$。

这表明式(4.11)是 $\dot{V}_1<0$ 的充分条件,即在式(4.11)作用下,不确定项的估计可以与真实值渐近地同步。

备注 4.1 V_1 是连续的,但在 $\tilde{e}_{ni}=0$ 时不可微分。然而,系统状态轨迹仅越过 $\tilde{e}_{ni}=0$ 的表面,并且直到达到系统的平衡点时才停留在该曲线上。因此,可以得出结论:对几乎所有时间 t,都存在 $V_1(\tilde{e}_{ni})$沿系统(4.10)轨迹的一阶导数[147]。

下面将进一步研究观测器误差系统(4.10)的状态轨迹可以在有限时间内收敛为零。

由于 $V_1>0$, 因此

$$\lambda_{\min}(\boldsymbol{B})\|\boldsymbol{\zeta}\|_2^2 \leqslant \boldsymbol{\zeta}^{\mathrm{T}}\boldsymbol{B}\boldsymbol{\zeta} \leqslant \lambda_{\max}(\boldsymbol{B})\|\boldsymbol{\zeta}\|_2^2 \tag{4.26}$$

其中

$$\|\boldsymbol{\zeta}\|_2^2 = \sqrt{\zeta_0^2+\zeta_1^2}^{\,2} = |\tilde{e}_{ni}| + \tilde{d}_{ni}^{e\,2} \tag{4.27}$$

$$|\zeta_0| = |\tilde{e}_{ni}|^{1/2} \leqslant \sqrt{\|\boldsymbol{\zeta}\|_2^2} \tag{4.28}$$

因此,式(4.21)可以进一步得到

$$\begin{aligned} \dot{V}_1 &\leqslant -\frac{1}{|\tilde{e}_{ni}|^{1/2}}\boldsymbol{\zeta}^{\mathrm{T}}\boldsymbol{B}'\boldsymbol{\zeta} \\ &\leqslant -\frac{1}{|\zeta_0|}\lambda_{\min}(\boldsymbol{B}')\|\boldsymbol{\zeta}\|_2^2 \\ &= -\frac{\sqrt{\|\boldsymbol{\zeta}\|_2^2}}{|\zeta_0|}\lambda_{\min}(\boldsymbol{B}')\sqrt{\|\boldsymbol{\zeta}\|_2^2} \end{aligned}$$

$$
\begin{aligned}
&\leqslant -\lambda_{\min}(\boldsymbol{B}')\|\boldsymbol{\zeta}\|_2 \\
&\leqslant -\lambda_{\min}(\boldsymbol{B}')\frac{V_1^{1/2}}{\lambda_{\max}^{1/2}(\boldsymbol{B})} \\
&= -\gamma V_1^{1/2}
\end{aligned}
\tag{4.29}
$$

其中，$\gamma=\dfrac{\lambda_{\min}(\boldsymbol{B}')}{\lambda_{\max}^{1/2}(\boldsymbol{B})}$。

因此，观测器误差系统(4.10)的收敛时间为 $T_{\tilde{e}_{ni}}=\dfrac{2V_1^{1/2}}{\gamma}(t=0)$。

4.3.2　一对多混沌同步的有限时间同步控制器设计

在本小节中，提出了一种基于上述观测器算法的控制器，可以实现误差系统(4.8)的有限时间稳定。为了实现这一目标，提出的控制器如下：

$$
u_{ni}=\frac{1}{\omega_{ni}}[f_{1i}(x_1,t)+\hat{d}_{ni}^{e}(x_1,x_n,t)]-f_{ni}(x_n,t)+\frac{1}{\omega_{ni}}[\varphi_{ni}e_{ni}+\psi_{ni}|e_{ni}|^{\delta}\operatorname{sign}(e_{ni})] \tag{4.30}
$$

其中，常数 $\varphi_{ni}>0;\psi_{ni}>0;0<\delta<1$。

将式(4.30)代入式(4.8)，可得

$$
\dot{e}_{ni}=-\tilde{d}_{ni}^{e}-\varphi_{ni}e_{ni}-\psi_{ni}|e_{ni}|^{\delta}\operatorname{sign}(e_{ni}) \tag{4.31}
$$

此时，误差系统(4.31)的有限时间稳定将分两步实现。首先，在前文中，它证明了观测器误差系统(4.10)状态轨迹在时间 $T_{\tilde{e}_{ni}}$ 处收敛为零，但需要确保的是误差系统(4.31)的轨迹在观测器误差系统(4.10)收敛过程中不应逃逸到无穷。其次，需确保误差系统(4.31)在 $t>T_{\tilde{e}_{ni}}$ 之后是有限时间稳定的。

以下定理研究了系统(4.31)的状态轨迹在时间 $t\in[0,T_{\tilde{e}_{ni}}]$ 不能逃逸到无穷。

定理 4.2　在控制器(4.30)的作用下，误差系统(4.31)的状态 e_{ni} 在 $t\in[0,T_{\tilde{e}_{ni}}]$ 内不能逃逸到无穷。

证明　选择以下李雅谱诺夫函数

$$
V_2=\frac{1}{2}e_{ni}^2 \tag{4.32}
$$

式(4.32)对时间 t 的导数为

$$
\begin{aligned}
\dot{V}_2&=e_{ni}\dot{e}_{ni} \\
&=e_{ni}[-\tilde{d}_{ni}^{e}-\varphi_{ni}e_{ni}-\psi_{ni}|e_{ni}|^{\delta}\operatorname{sign}(e_{ni})] \\
&=-\tilde{d}_{ni}^{e}e_{ni}-\varphi_{ni}e_{ni}^2-\psi_{ni}|e_{ni}|^{\delta+1}
\end{aligned}
\tag{4.33}
$$

根据定理 4.1，由于观测器误差系统(4.10)是有限时间稳定的，因此存在一个常

数 η_{ni} 使得在 $t\in[0,T_{\tilde{e}_{ni}}]$ 内有 $|\tilde{d}_{ni}^{e}|\leqslant\eta_{ni}$。

故式(4.33)可以简化为

$$\dot{V}_2\leqslant\eta_{ni}|e_{ni}|\leqslant\frac{1}{2}(\eta_{ni}^2+e_{ni}^2)=V_2+\kappa_{ni} \tag{4.34}$$

其中，$\kappa_{ni}=\frac{1}{2}\eta_{ni}^2$。

对式(4.34)进行积分，可知

$$V_2\leqslant(V_0+\eta_{ni})e^t-\kappa_{ni} \tag{4.35}$$

其中，$V_0=V_2[e_{ni}(t)]|_{t=0}$。

根据 Wintner 定理的扩展形式可知，状态 e_{ni} 在 $t\in[0,T_{\tilde{e}_{ni}}]$ 有界。也就是说，误差系统(4.31)的状态轨迹无法在时间 $t\in[0,T_{\tilde{e}_{ni}}]$ 内逃逸到无穷。证毕。

根据定理 4.1，观测器误差系统(4.10)的状态轨迹可以在有限时间内收敛为零，即 $t>T_{\tilde{e}_{ni}}$ 之后 $\tilde{d}_{ni}^{e}\equiv0$。因此系统(4.31)可以简化为

$$\dot{e}_{ni}=-\varphi_{ni}e_{ni}-\psi_{ni}|e_{ni}|^{\delta}\mathrm{sign}(e_{ni}) \tag{4.36}$$

以下将进一步研究在 $t>T_{\tilde{e}_{ni}}$ 时，系统(4.36)的收敛时间 $T_{e_{ni}}$，可以得到以下定理。

定理 4.3 如果在 $t>T_{\tilde{e}_{ni}}$ 之后 $\tilde{d}_{ni}^{e}\equiv0$，则误差系统(4.36)的状态轨迹可以收敛到零，其时间 $T_{e_{ni}}$ 满足

$$T_{e_{ni}}=\frac{1}{\varphi_{ni}(1-\delta)}\ln\left[\frac{2\varphi_{ni}V_2^{1-\delta}(T_{\tilde{e}_{ni}})+2^{(1+\delta)/2}\psi_{ni}}{2^{(1+\delta)/2}\psi_{ni}}\right] \tag{4.37}$$

证明 式(4.32)对时间 t 的导数可以重写为

$$\begin{aligned}\dot{V}_2&=e_{ni}[-\varphi_{ni}e_{ni}-\psi_{ni}|e_{ni}|^{\delta}\mathrm{sign}(e_{ni})]\\&=-\varphi_{ni}e_{ni}^2-\psi_{ni}|e_{ni}|^{\delta+1}\\&=-2\varphi_{ni}V_2-2^{(\delta+1)/2}\psi_{ni}V_2^{(\delta+1)/2}\end{aligned} \tag{4.38}$$

根据引理 4.1，系统(4.26)的状态点 $e_{ni}=0$ 是系统的有限时间稳定点，并且收敛时间 $T_{e_{ni}}=\frac{1}{\varphi_{ni}(1-\delta)}\ln\left[\frac{2\varphi_{ni}V_2^{1-\delta}(T_{\tilde{e}_{ni}})+2^{(1+\delta)/2}\psi_{ni}}{2^{(1+\delta)/2}\psi_{ni}}\right]$。至此定理 4.3 的证明结束。

从定理 4.1、定理 4.2 和定理 4.3 可得结论，在控制器(4.30)和观测器系统(4.9)的作用下，误差系统(4.8)可以实现有限时间稳定，且系统(4.8)的收敛时间为 $T_{ni}=T_{\tilde{e}_{ni}}+T_{e_{ni}}$。

4.3.3 一对多混沌同步数值仿真

为了演示所提出的控制方法的可行性，选择了以下三个混沌系统[83]：

$$\begin{bmatrix}\dot{x}_{11}\\ \dot{x}_{12}\\ \dot{x}_{13}\end{bmatrix}=\underbrace{\begin{bmatrix}-10(x_{11}-x_{12})\\ 28x_{11}-x_{12}-x_{11}x_{13}\\ x_{11}x_{12}-8/3x_{13}\end{bmatrix}}_{f_1(x_1)}+\underbrace{\begin{bmatrix}-0.1\cos(10t)\\ 0.2\cos(20t)\\ 0\end{bmatrix}}_{\Delta f_1(x_1,t)+d_1(t)} \tag{4.39}$$

$$\begin{bmatrix}\dot{x}_{21}\\ \dot{x}_{22}\\ \dot{x}_{23}\end{bmatrix}=\underbrace{\begin{bmatrix}-35(x_{21}-x_{22})\\ -7x_{21}+28x_{22}-x_{21}x_{23}\\ -3x_{23}+x_{21}x_{23}\end{bmatrix}}_{f_2(x_2)}+\underbrace{\begin{bmatrix}-0.1\cos(10t)\\ -0.1\cos(20t)\\ 0.2\sin(20t)\end{bmatrix}}_{\Delta f_2(x_2,t)+d_2(t)}+\underbrace{\begin{bmatrix}u_{21}\\ u_{22}\\ u_{23}\end{bmatrix}}_{u_2} \tag{4.40}$$

$$\begin{bmatrix}\dot{x}_{31}\\ \dot{x}_{32}\\ \dot{x}_{33}\end{bmatrix}=\underbrace{\begin{bmatrix}-35(x_{31}-x_{32})\\ -7x_{31}+28x_{32}-x_{31}x_{33}\\ -3x_{33}+x_{31}x_{33}\end{bmatrix}}_{f_3(x_3)}+\underbrace{\begin{bmatrix}-0.1\cos(20t)\\ -0.1\cos(10t)\\ 0.2\sin(10t)\end{bmatrix}}_{\Delta f_3(x_3,t)+d_3(t)}+\underbrace{\begin{bmatrix}u_{31}\\ u_{32}\\ u_{33}\end{bmatrix}}_{u_3} \tag{4.41}$$

在数值仿真中,系统(4.39)、系统(4.40)、系统(4.41)的初始条件分别为

$$\boldsymbol{x}_1(0)=[1,-1,2]^{\mathrm{T}} \tag{4.42}$$

$$\boldsymbol{x}_2(0)=[-3,-1,5]^{\mathrm{T}} \tag{4.43}$$

$$\boldsymbol{x}_3(0)=[2,-1,5]^{\mathrm{T}} \tag{4.44}$$

为了直观地将结果与参考文献[83]中的结果进行比较,选择了相同的比例因子向量:

$$\boldsymbol{w}_1=\mathrm{diag}\{1,-1,-2\} \tag{4.45}$$

$$\boldsymbol{w}_2=\mathrm{diag}\{-1,1,2\} \tag{4.46}$$

因此,多混沌系统的 MPS 可以描述为

$$\begin{cases}\dot{e}_{21}=-10(x_{11}-x_{12})+35(x_{21}-x_{22})+d_{21}^{e}-u_{21}\\ \dot{e}_{22}=28x_{11}-x_{12}-x_{11}x_{13}-7x_{21}+28x_{22}-x_{21}x_{23}+d_{22}^{e}+u_{22}\\ \dot{e}_{23}=x_{11}x_{12}-8/3x_{13}+2(-3x_{23}+x_{21}x_{23}+u_{23})+d_{23}^{e}\end{cases} \tag{4.47}$$

和

$$\begin{cases}\dot{e}_{31}=-10(x_{11}-x_{12})-35(x_{31}-x_{32})+d_{31}^{e}+u_{31}\\ \dot{e}_{32}=28x_{11}-x_{12}-x_{11}x_{13}+7x_{31}-28x_{32}+x_{31}x_{33}+d_{32}^{e}-u_{32}\\ \dot{e}_{33}=x_{11}x_{12}-8/3x_{13}-2(-3x_{33}+x_{31}x_{33}+u_{33})+d_{33}^{e}\end{cases} \tag{4.48}$$

其中

$$\begin{cases}d_{21}^{e}=0\\ d_{22}^{e}=0.1\cos(20t)\\ d_{23}^{e}=0.4\sin(20t)\end{cases} \tag{4.49}$$

和

$$\begin{cases}d_{31}^{e}=-0.1\cos(10t)-0.1\cos(20t)\\d_{32}^{e}=0.2\cos(20t)+0.1\cos(10t)\\d_{33}^{e}=-0.4\sin(10t)\end{cases}\tag{4.50}$$

提出的观测器系统(4.9)的参数设置为

$$\alpha_{ni}=40,\ \beta_{ni}=200,\ n=2,3,\ i=1,2,3\tag{4.51}$$

选择观测器误差系统(4.10)的初始值为

$$\tilde{e}_{ni}=2,\ \tilde{d}_{ni}^{e}=0,\ n=2,3,\ i=1,2,3\tag{4.52}$$

设计的控制器为

$$\begin{cases}u_{21}=-10(x_{11}-x_{12})+\hat{d}_{21}^{e}+35(x_{21}-x_{22})+10e_{21}+15|e_{21}|^{0.3}\mathrm{sign}(e_{21})\\u_{22}=-28x_{11}+x_{12}+x_{11}x_{13}-\hat{d}_{22}^{e}+7x_{21}-28x_{22}+x_{21}x_{23}-10e_{22}-15|e_{22}|^{0.3}\mathrm{sign}(e_{22})\\u_{23}=-\dfrac{1}{2}x_{11}x_{12}+\dfrac{4}{3}x_{13}-\dfrac{1}{2}\hat{d}_{23}^{e}+3x_{23}-x_{21}x_{23}-5e_{23}-7.5|e_{23}|^{0.3}\mathrm{sign}(e_{23})\end{cases}\tag{4.53}$$

和

$$\begin{cases}u_{31}=10(x_{11}-x_{12})-\hat{d}_{31}^{e}+35(x_{31}-x_{32})-10e_{31}-15|e_{31}|^{0.3}\mathrm{sign}(e_{31})\\u_{32}=28x_{11}-x_{12}-x_{11}x_{13}+\hat{d}_{32}^{e}+7x_{31}-28x_{32}+x_{31}x_{33}+10e_{32}+15|e_{32}|^{0.3}\mathrm{sign}(e_{32})\\u_{33}=\dfrac{1}{2}x_{11}x_{12}-\dfrac{4}{3}x_{13}+\dfrac{1}{2}\hat{d}_{33}^{e}+3x_{33}-x_{31}x_{33}+5e_{33}+7.5|e_{33}|^{0.3}\mathrm{sign}(e_{33})\end{cases}\tag{4.54}$$

为了将仿真结果与参考文献[83]的结果相比较,在数值仿真中,保持与参考文献中的控制器和滑模面的参数,以及误差系统的初始值相同。通过数值仿真,其误差系统的状态轨迹如图4.1所示。由图4.1可知,两个响应系统的状态轨迹可以在有限的时间内与驱动系统的状态轨迹保持同步。同时,在本章中提出的控制器的作用下,误差系统具有更快的收敛速度。

另外,不确定项的估计如图4.2所示。由图4.2可知,不确定项的估计可以在有限时间内跟踪真实值。

混沌系统的不确定性在有界的情况下,参考文献[83]中未实现真实值的估计。然而,本章提出的基于观测器的控制器方案不仅可以保证系统的有限时间收敛,且可以估计不确定项的真实值。通过观测系统收敛曲线,基于观测器的有限时间控制器可以使系统收敛得更快,且收敛曲线更加平稳。

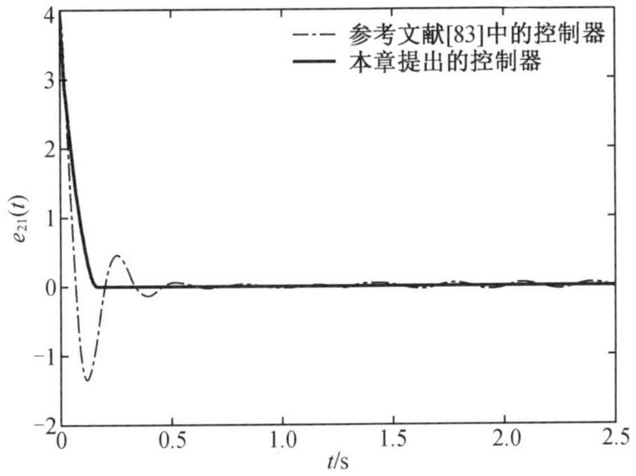

(a) $e_{21}(t)$ 的轨迹

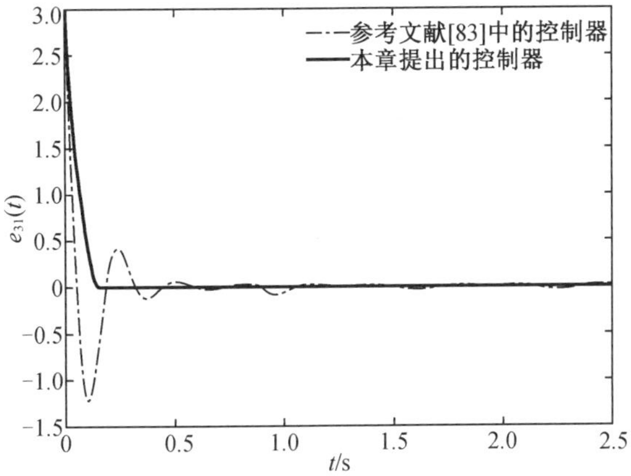

(b) $e_{31}(t)$ 的轨迹

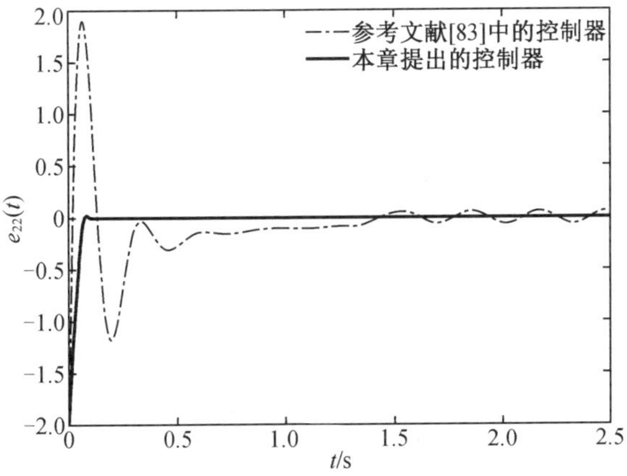

(c) $e_{22}(t)$ 的轨迹

图 4.1　误差系统的状态轨迹

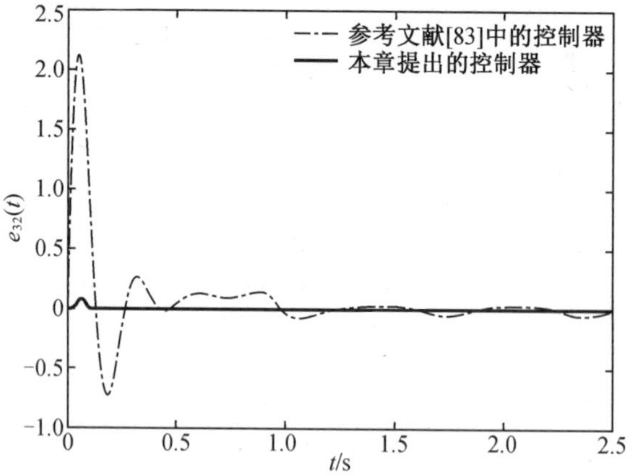

(d) $e_{32}(t)$ 的轨迹

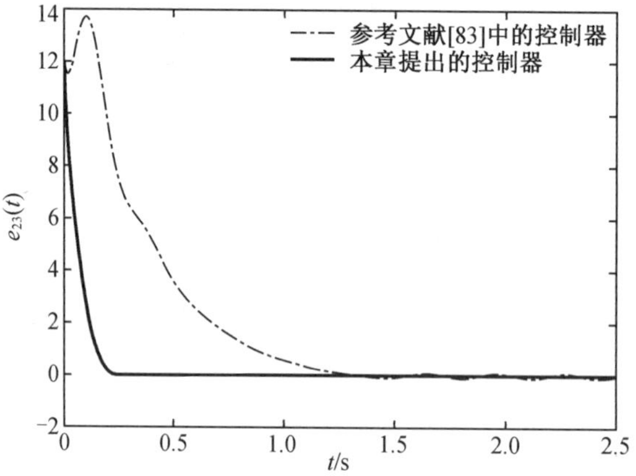

(e) $e_{23}(t)$ 的轨迹

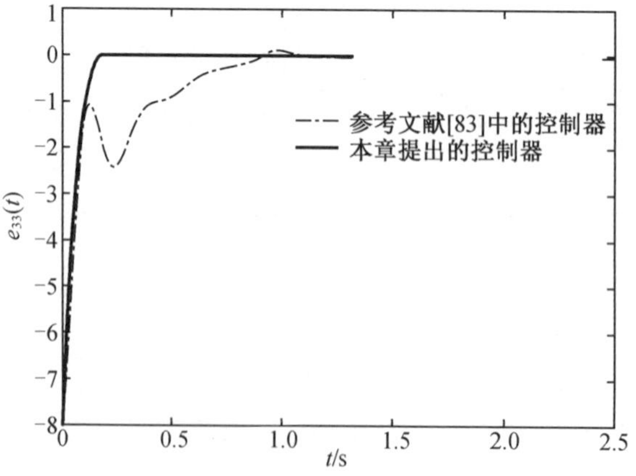

(f) $e_{33}(t)$ 的轨迹

图 4.1(续)

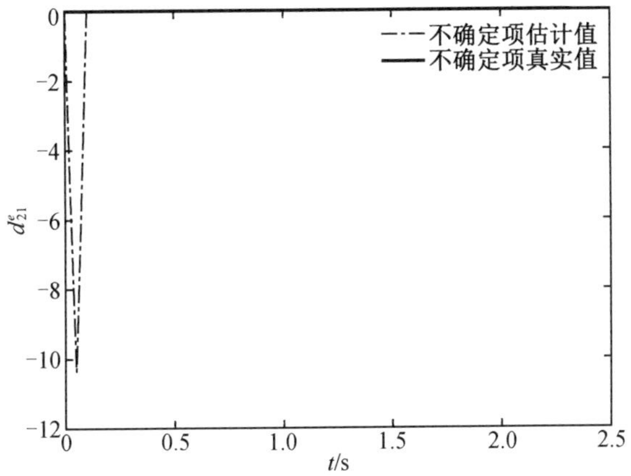

(a) 不确定项d_{21}^e

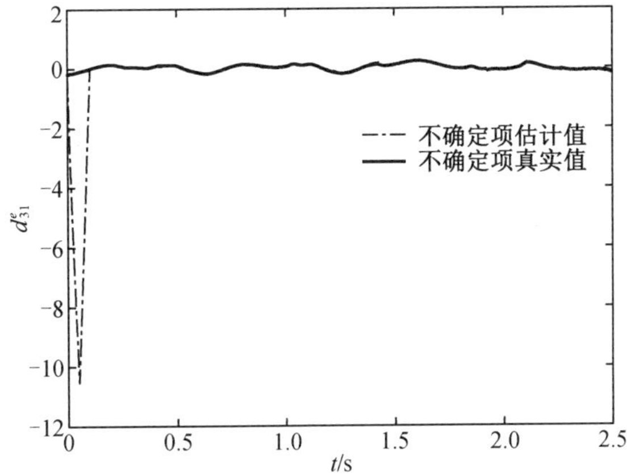

(b) 不确定项d_{31}^e

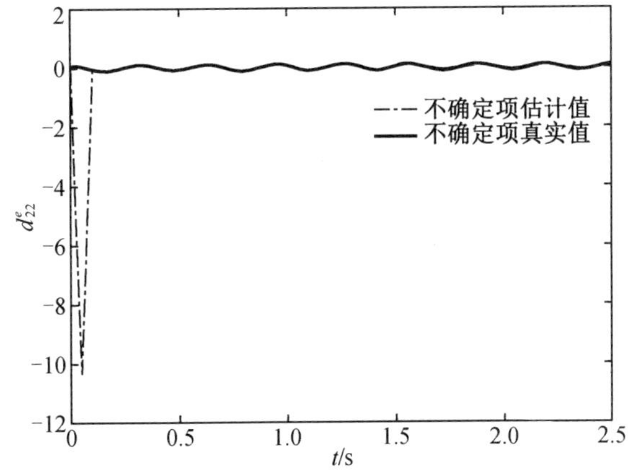

(c) 不确定项d_{22}^e

图 4.2　不确定项的估计

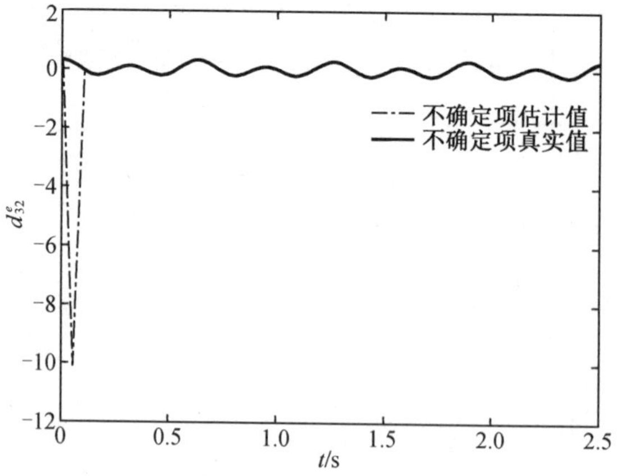

(d) 不确定项d_{32}^e

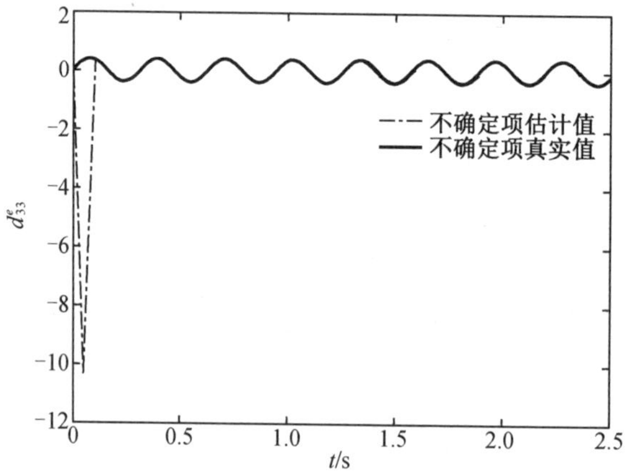

(e) 不确定项d_{23}^e

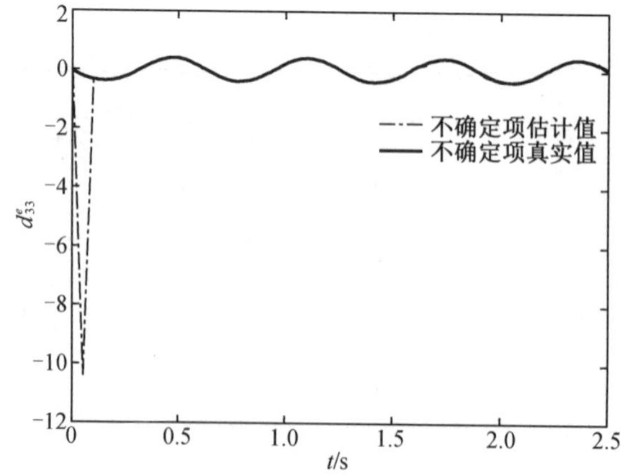

(f) 不确定项d_{33}^e

图 4.2(续)

4.4 传递混沌系统的有限时间观测器投影同步控制及其掩盖加密

4.4.1 传递混沌同步的观测器设计

根据定义 4.2,第 $n-1$ 个混沌系统与第 n 个混沌系统之间的传递误差系统为

$$\begin{aligned}\dot{e}'_{ni}&=\dot{x}_{n-1,i}(t)-\upsilon_{ni}\dot{x}_{ni}(t)\\&=f_{n-1,i}(x_{n-1},t)+\Delta f_{n-1,i}(x_{n-1},t)+d_{n-1,i}(t)+u_{n-1,i}-\upsilon_{ni}[f_{ni}(x_n,t)+\Delta f_{ni}(x_n,t)+d_{ni}(t)+u_{ni}]\\&=f_{n-1,i}(x_{n-1},t)-\upsilon_{ni}f_{ni}(x_n,t)+\Delta f_{n-1,i}(x_{n-1},t)+d_{n-1,i}(t)-\upsilon_{ni}[\Delta f_{ni}(x_n,t)+d_{ni}(t)]+u_{n-1,i}-\\&\quad\upsilon_{ni}u_{ni}\end{aligned}\tag{4.55}$$

备注 4.2　在式(4.55)中,当 $n=2$ 时,显然 $u_{1,i}=0,i=1,2,\cdots,m$。因此,式(4.55)可以简化为

$$\begin{aligned}\dot{e}'_{2i}&=\dot{x}_{1,i}(t)-\upsilon_{2i}\dot{x}_{2i}(t)\\&=f_{1,i}(x_1,t)+\Delta f_{1,i}(x_1,t)+d_{1,i}(t)-\upsilon_{2i}[f_{n2}(x_2,t)+\Delta f_{2i}(x_2,t)+d_{2i}(t)+u_{2i}]\\&=f_{1,i}(x_1,t)-\upsilon_{2i}f_{2i}(x_2,t)+\Delta f_{1,i}(x_1,t)+d_{1,i}(t)-\upsilon_{2i}[\Delta f_{2i}(x_2,t)+d_{2i}(t)]-\upsilon_{2i}u_{2i}\end{aligned}\tag{4.56}$$

对于式(4.55),为了估计误差系统的不确定项,类似于式(4.9),可以将观测器系统设计为

$$\begin{cases}\dot{\hat{e}}'_{ni}=f_{n-1,i}(x_{n-1},t)-\upsilon_{ni}f_{ni}(x_n,t)+u_{n-1,i}-\upsilon_{ni}u_{ni}-\alpha'_{ni}|\hat{e}'_{ni}-e'_{ni}|^{1/2}\mathrm{sign}(\hat{e}'_{ni}-e'_{ni})+\hat{d}^{e'}_{ni}\\\dot{\hat{d}}^{e'}_{ni}=-\beta'_{ni}\mathrm{sign}(\hat{e}'_{ni}-e'_{ni})\end{cases}\tag{4.57}$$

其中,α'_{ni}、$\beta'_{ni}(n=2,3,\cdots,N,\ i=1,2,\cdots,m)$是待设计的系数,且 $\hat{e}'_{ni}$ 和 $\hat{d}^{e'}_{ni}$ 是分别对 e'_{ni} 和 $d^{e'}_{ni}$ 的估计。

结合式(4.55)和式(4.57),观测器误差系统为

$$\begin{cases}\dot{\tilde{e}}'_{ni}=-\alpha'_{ni}|\tilde{e}'_{ni}|^{1/2}\mathrm{sign}(\tilde{e}'_{ni})+\tilde{d}^{e'}_{ni}\\\dot{\tilde{d}}^{e'}_{ni}=-\beta'_{ni}\mathrm{sign}(\tilde{e}'_{ni})-\dot{d}^{e'}_{ni}\end{cases}\tag{4.58}$$

其中,$\tilde{e}'_{ni}=\hat{e}'_{ni}-e'_{ni}$;$\tilde{d}^{e'}_{ni}=\hat{d}^{e'}_{ni}-d^{e'}_{ni}$。

显然式(4.58)的形式类似于式(4.10)。考虑李雅普诺夫函数为

$$\boldsymbol{V}_3=\boldsymbol{\xi}^{\mathrm{T}}\boldsymbol{C}\boldsymbol{\xi}$$

其中

$$\boldsymbol{\xi}=[\,|\tilde{e}'_{ni}|^{1/2}\mathrm{sign}(e'_{ni}),\tilde{d}^{e'}_{ni}\,]^{\mathrm{T}} \tag{4.59}$$

$$\boldsymbol{C}=\frac{1}{2}\begin{bmatrix}4\beta'_{ni}+\alpha'^{2}_{ni} & -\alpha'_{ni}\\ -\alpha'_{ni} & 2\end{bmatrix} \tag{4.60}$$

因此,可得以下结论:

观测器误差系统(4.58)在条件$|\dot{d}^{e'}_{ni}(x_{n-1},x_n,t)|\leqslant\varepsilon_{1i}$下,且系数满足

$$\begin{cases}\alpha'_{ni}>2\\ \beta'_{ni}>\dfrac{\varepsilon^2_{1i}(4\alpha'_{ni}-8)+\alpha'^{3}_{ni}}{\alpha'_{ni}(4\alpha'_{ni}-8)}\end{cases} \tag{4.61}$$

那么,观测器误差系统可以在有限时间$T_{\tilde{\gamma}_{ni}}=\dfrac{2V_3^{1/2}(t_0)}{\kappa}$内稳定。其中,参数$\kappa$满足

$$\kappa=\frac{\lambda_{\min}(\boldsymbol{C}')}{\lambda^{1/2}_{\max}(\boldsymbol{C})} \tag{4.62}$$

且矩阵$\boldsymbol{C}'$满足

$$\boldsymbol{C}'=-\begin{bmatrix}-\alpha'_{ni}\beta'_{ni}-\dfrac{\alpha'^{3}_{ni}}{2}+\varepsilon^2_{1i}+\dfrac{\alpha'^{2}_{ni}}{4} & \dfrac{\alpha'^{2}_{ni}}{2}-\dfrac{\alpha'_{ni}}{2}\\ \dfrac{\alpha'^{2}_{ni}}{2}-\dfrac{\alpha'_{ni}}{2} & 1-\dfrac{\alpha'_{ni}}{2}\end{bmatrix} \tag{4.63}$$

4.4.2 传递混沌同步的有限时间同步控制器设计

4.4.2 节证明了观测器误差系统(4.58)可以在有限时间$T_{\tilde{\gamma}_{ni}}$内到达平衡点。为了实现传递误差系统系统(4.55)的有限时间稳定,有必要保证系统(4.55)的轨迹在时间$t\in[0,T_{\tilde{\gamma}_{ni}}]$内不能逃逸到无穷,即系统(4.55)的轨迹不在观测器误差系统(4.58)的收敛过程中发散。

因此,设计的控制器为

$$u_{ni}=\frac{1}{\omega_{ni}}[f_{n-1,i}(x_{n-1},t)+\hat{d}^{e'}_{ni}(x_{n-1},x_n,t)+u_{n-1,i}]-f_{ni}(x_n,t)+\frac{1}{\omega_{ni}}[\varphi'_{ni}e'_{ni}+\psi'_{ni}|e'_{ni}|^{\delta'}\mathrm{sign}(e'_{ni})] \tag{4.64}$$

其中,$\varphi'_{ni}>0$;$\psi'_{ni}>0$;$0<\delta'<1$。

将式(4.64)代入式(4.55),可得

$$\dot{e}'_{ni}=\tilde{d}^{e'}_{ni}-\varphi'_{ni}e'_{ni}-\psi'_{ni}|e'_{ni}|^{\delta'}\mathrm{sign}(e'_{ni}) \tag{4.65}$$

回顾定理 4.2,很容易证明式(4.65)在时间 $t\in[0,T_{\tilde{e}'_{ni}}]$内不会逃逸到无穷。因此,一旦观测器误差系统(4.58)实现了有限时间的稳定,即 $t\geqslant T_{\tilde{e}'_{ni}}$ 之后 $\tilde{d}^{e'}_{ni}\equiv 0$,则式(4.65)可以简化为

$$\dot{e}'_{ni}=-\varphi'_{ni}e'_{ni}-\psi'_{ni}\left|e'_{ni}\right|^{\delta'}\operatorname{sign}(e'_{ni}) \tag{4.66}$$

定理 4.4　如果提出的控制器满足式(4.64),则误差系统(4.66)在时间 $T_{e'_{ni}}$ 内是有限时间稳定的,且时间满足

$$T_{e'_{ni}}=\frac{1}{\varphi'_{ni}(1-\delta')}\ln\left\{\frac{2\varphi'_{ni}V_4^{1-\delta'}[e'_{ni}(T_{\tilde{e}'_{ni}})]+2^{(1+\delta')/2}\varphi'_{ni}}{2^{(1+\delta')/2}\varphi'_{ni}}\right\} \tag{4.67}$$

证明　选择 $V_4=\frac{1}{2}e'^2_{ni}$ 作为李雅普诺夫函数。该证明与定理 4.3 的证明相似,因此可以容易得到误差系统(4.66)收敛时间为 $T_{e'_{ni}}$。该证明略。

因此,误差系统(4.55)可以在设计的控制器(4.64)和提出的观测器系统(4.57)作用下实现有限时间稳定,并且误差系统(4.55)的收敛时间为 $T'_{ni}=T_{\tilde{e}'_{ni}}+T_{e'_{ni}}$。

4.4.3　传递混沌同步数值仿真

在本小节中,选择以下三个超混沌系统作为仿真实例,以说明在提出的控制器作用下多混沌系统的 TMPS 的有效性。

考虑以下超混沌系统:

$$\begin{bmatrix}\dot{x}_{11}\\ \dot{x}_{12}\\ \dot{x}_{13}\\ \dot{x}_{14}\end{bmatrix}=\underbrace{\begin{bmatrix}-10(x_{11}-x_{12})\\ 28x_{11}+x_{12}-x_{11}x_{13}-x_{14}\\ x_{11}x_{13}-8/3x_{13}\\ 0.1x_{12}x_{13}+1\end{bmatrix}}_{f_1(x_1)}+\underbrace{\begin{bmatrix}0.2\cos(5t)x_{11}+0.3\sin(3t)\\ -0.4\cos(2t)x_{12}+0.4\sin(3t)\\ -0.4\sin(2t)x_{13}-0.36\cos(t)\\ 0.5\cos(2t)x_{14}-0.3\sin(2t)\end{bmatrix}}_{\Delta f_1(x_1,t)+d_1(t)} \tag{4.68}$$

$$\begin{bmatrix}\dot{x}_{21}\\ \dot{x}_{22}\\ \dot{x}_{23}\\ \dot{x}_{24}\end{bmatrix}=\underbrace{\begin{bmatrix}8x_{21}-x_{22}x_{23}+x_{24}\\ x_{21}x_{23}-40x_{22}\\ x_{21}x_{22}-14.9x_{23}+x_{21}x_{24}\\ -x_{22}\end{bmatrix}}_{f_2(x_2)}+\underbrace{\begin{bmatrix}-0.2\sin(5t)x_{21}+0.2\cos(2t)\\ 0.2\sin(3t)x_{22}-0.3\cos(3t)\\ 0.4\sin(2t)x_{23}-0.2\cos(3t)\\ 0.3\sin(4t)x_{24}-0.1\sin(6t)\end{bmatrix}}_{\Delta f_2(x_2,t)+d_2(t)}+\underbrace{\begin{bmatrix}u_{21}\\ u_{22}\\ u_{23}\\ u_{24}\end{bmatrix}}_{u_2} \tag{4.69}$$

$$\begin{bmatrix}\dot{x}_{21}\\ \dot{x}_{22}\\ \dot{x}_{23}\\ \dot{x}_{24}\end{bmatrix}=\underbrace{\begin{bmatrix}8x_{21}-x_{22}x_{23}+x_{24}\\ x_{21}x_{23}-40x_{22}\\ x_{21}x_{22}-14.9x_{23}+x_{21}x_{24}\\ -x_{22}\end{bmatrix}}_{f_2(x_2)}+\underbrace{\begin{bmatrix}-0.2\sin(5t)x_{21}+0.2\cos(2t)\\ 0.2\sin(3t)x_{22}-0.3\cos(3t)\\ 0.4\sin(2t)x_{23}-0.2\cos(3t)\\ 0.3\sin(4t)x_{24}-0.1\sin(6t)\end{bmatrix}}_{\Delta f_2(x_2,t)+d_2(t)}+\underbrace{\begin{bmatrix}u_{21}\\ u_{22}\\ u_{23}\\ u_{24}\end{bmatrix}}_{u_2} \tag{4.70}$$

在数值仿真中,系统(4.68)、系统(4.69)和系统(4.70)的初始值分别选择为

$$\boldsymbol{x}_1(0)=[7,4,0,5]^{\mathrm{T}} \tag{4.71}$$

$$\boldsymbol{x}_2(0)=[3,-2,-2,-4]^{\mathrm{T}} \tag{4.72}$$

$$\boldsymbol{x}_3(0)=[2,5,1,4]^{\mathrm{T}} \tag{4.73}$$

设置比例因子向量为

$$\boldsymbol{v}_1=\mathrm{diag}\{1,-1,-2,-1\} \tag{4.74}$$

$$\boldsymbol{v}_2=\mathrm{diag}\{2,1,-1,1\} \tag{4.75}$$

误差动态系统 TMPS 为

$$\begin{cases}\dot{e}'_{21}=-10(x_{11}-x_{12})-(8x_{21}-x_{22}x_{23}+x_{24})+d_{21}^{e'}-u_{21}\\ \dot{e}'_{22}=28x_{11}+x_{12}-x_{11}x_{13}-x_{14}+(x_{21}x_{23}-40x_{22}+u_{22})+d_{22}^{e'}\\ \dot{e}'_{23}=x_{11}x_{13}-\dfrac{8}{3}x_{13}+2(x_{21}x_{22}-14.9x_{23}+x_{21}x_{24}+u_{23})+d_{23}^{e'}\\ \dot{e}'_{24}=0.1x_{12}x_{13}+1+(-x_{22}+u_{24})+d_{24}^{e'}\end{cases} \tag{4.76}$$

$$\begin{cases}\dot{e}'_{31}=8x_{21}-x_{22}x_{23}+x_{24}+u_{21}-2(x_{32}-x_{31}+1.5x_{34}+u_{31})+d_{31}^{e'}\\ \dot{e}'_{32}=x_{21}x_{23}-40x_{22}+u_{22}-(26x_{31}-x_{31}x_{33}-x_{32}+u_{32})+d_{32}^{e'}\\ \dot{e}'_{33}=x_{21}x_{22}-14.9x_{23}+x_{21}x_{24}+u_{23}+(x_{31}x_{32}-0.7x_{33}+u_{33})+d_{33}^{e'}\\ \dot{e}'_{34}=-x_{22}+u_{24}-(-x_{31}-x_{34}+u_{34})+d_{34}^{e'}\end{cases} \tag{4.77}$$

其中,系统不确定项为

$$\begin{cases}d_{21}^{e'}=0.2\cos(5t)x_{11}+0.3\sin(3t)-[-0.2\sin(5t)x_{21}+0.2\cos(2t)]\\ d_{22}^{e'}=-0.4\cos(2t)x_{12}+0.4\sin(3t)+0.2\sin(3t)x_{22}-0.3\cos(3t)\\ d_{23}^{e'}=-0.4\sin(2t)x_{13}-0.36\cos(t)+2[0.2\sin(3t)x_{22}-0.3\cos(3t)]\\ d_{24}^{e'}=0.5\cos(2t)x_{14}-0.3\sin(2t)+0.3\sin(4t)x_{24}-0.1\sin(6t)\end{cases} \tag{4.78}$$

$$\begin{cases}d_{31}^{e'}=-0.2\sin(5t)x_{21}+0.2\cos(2t)-2[-0.36\sin(5t)x_{31}+0.4\cos(2t)]\\ d_{32}^{e'}=0.2\sin(3t)x_{22}-0.3\cos(3t)-[-0.25\cos(5t)x_{32}+0.2\cos(5t)]\\ d_{33}^{e'}=0.4\sin(2t)x_{23}-0.2\cos(3t)-0.3\cos(2t)x_{33}+0.1\sin(3t)\\ d_{34}^{e'}=0.3\sin(4t)x_{24}-0.1\sin(6t)-[0.2\cos(6t)x_{34}+0.6\sin(2t)]\end{cases} \tag{4.79}$$

观测器系统(4.57)的参数为

$$\alpha'_{ni}=30,\ \beta'_{ni}=200 \tag{4.80}$$

观测器误差系统(4.58)的初始条件选择为

$$\tilde{e}'_{ni}=0,\ \tilde{d}_{ni}^{e'}=0,\ n=2,3,\ i=1,2,3,4 \tag{4.81}$$

提出的控制器为

$$\begin{cases} u_{21}=-10(x_{11}-x_{12})+\hat{d}_{21}^{e'}-(8x_{21}-x_{22}x_{23}+x_{24})+10e_{21}+10|e_{21}|^{0.6}\mathrm{sign}(e_{21}) \\ u_{22}=-(28x_{11}+x_{12}-x_{11}x_{13}-x_{14}+\hat{d}_{22}^{e'})-(x_{21}x_{23}-40x_{22})-10e_{22}-10|e_{22}|^{0.6}\mathrm{sign}(e_{22}) \\ u_{23}=-\dfrac{1}{2}\left(x_{11}x_{13}-\dfrac{8}{3}x_{13}+\hat{d}_{23}^{e'}\right)-(x_{21}x_{23}-40x_{22})-\dfrac{1}{2}[10e_{23}+10|e_{23}|^{0.6}\mathrm{sign}(e_{23})] \\ u_{24}=-(0.1x_{12}x_{13}+1+\hat{d}_{24}^{e'})-(x_{21}x_{22}-14.9x_{23}+x_{21}x_{24})-10e_{24}-10|e_{24}|^{0.6}\mathrm{sign}(e_{24}) \end{cases} \tag{4.82}$$

$$\begin{cases} u_{31}=\dfrac{1}{2}(8x_{21}-x_{22}x_{23}+x_{24}+\hat{d}_{31}^{e'}+u_{11})-(x_{32}-x_{31}+1.5x_{34})+\dfrac{1}{2}[10e_{31}+10|e_{31}|^{0.6}\mathrm{sign}(e_{31})] \\ u_{32}=x_{21}x_{23}-40x_{22}+\hat{d}_{32}^{e'}-(26x_{31}-x_{31}x_{33}-x_{32})+10e_{32}+10|e_{32}|^{0.6}\mathrm{sign}(e_{32}) \\ u_{33}=-(x_{21}x_{22}-14.9x_{23}+x_{21}x_{24}+\hat{d}_{33}^{e'})-(x_{31}x_{32}-0.7x_{33})-10e_{33}-10|e_{33}|^{0.6}\mathrm{sign}(e_{33}) \\ u_{34}=-x_{22}+\hat{d}_{34}^{e'}-(-x_{31}-x_{34})+10e_{34}+10|e_{34}|^{0.6}\mathrm{sign}(e_{34}) \end{cases} \tag{4.83}$$

因此,通过数值仿真,多混沌系统的 TMPS 误差系统状态轨迹、不确定项的估计和相应的控制器如图 4.3、图 4.4 和图 4.5 所示。由图 4.3(a)和(b)中可知,误差系统的状态轨迹可以迅速收敛到零,这意味着系统(4.68)、系统(4.69)和系统(4.70)可以在有限的时间内实现 TMPS。由图 4.4 可知,不确定项的估计值可以同步其真实值。由图 4.5(a)和(b)可知,设计的控制器没有出现抖动现象。

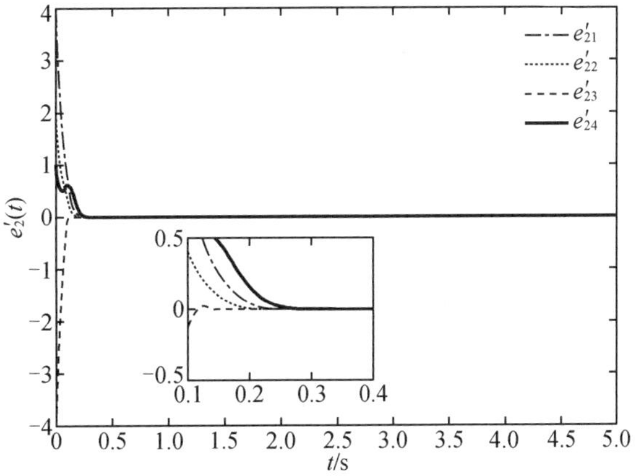

(a) e'_{21}、e'_{22}、e'_{23}和e'_{24}的轨迹

图 4.3 误差系统状态轨迹

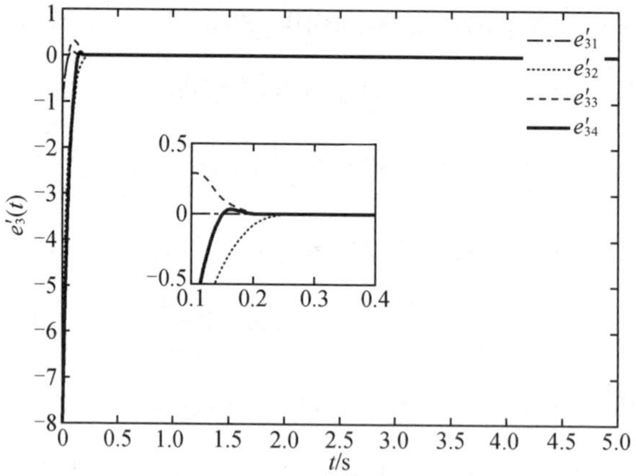

(b) e_{31}'、e_{32}'、e_{33}'和e_{34}'的轨迹

图 4.3(续)

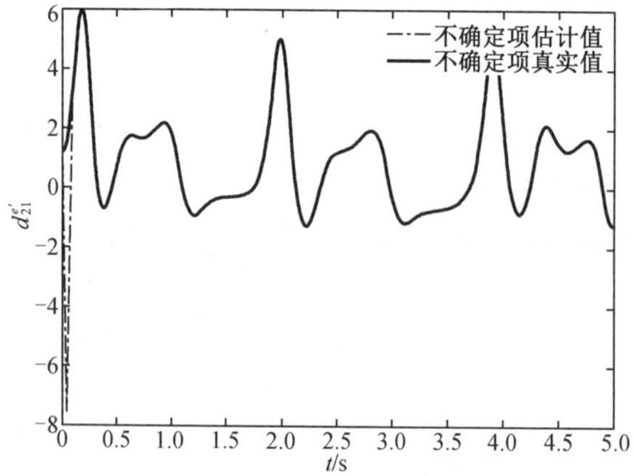

(a) 不确定项$d_{21}^{e'}$

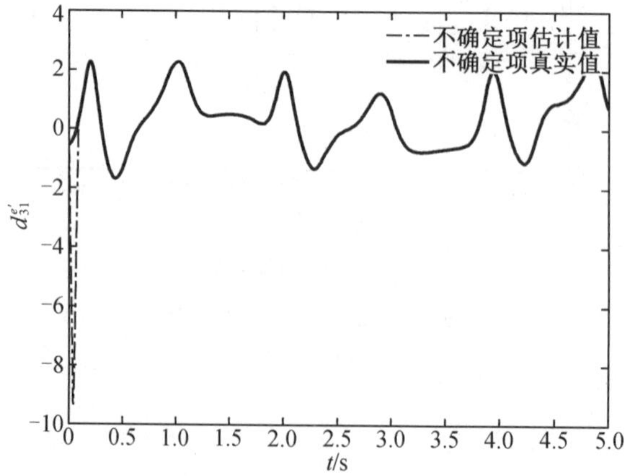

(b) 不确定项$d_{31}^{e'}$

图 4.4　不确定项的估计

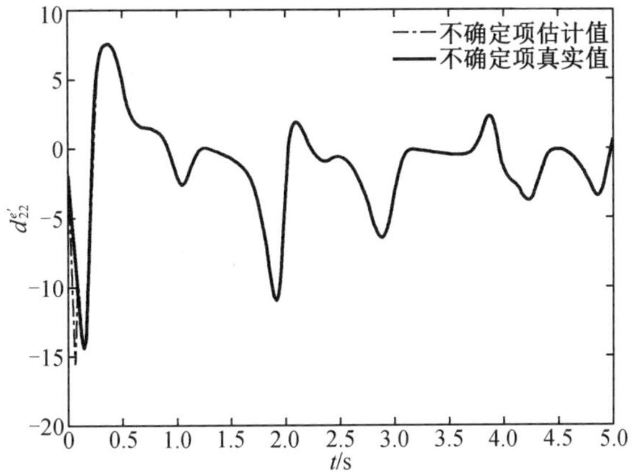

(c) 不确定项$d_{22}^{e'}$

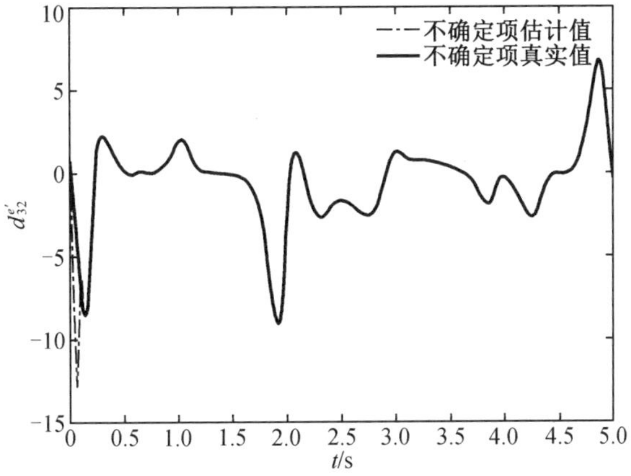

(d) 不确定项$d_{32}^{e'}$

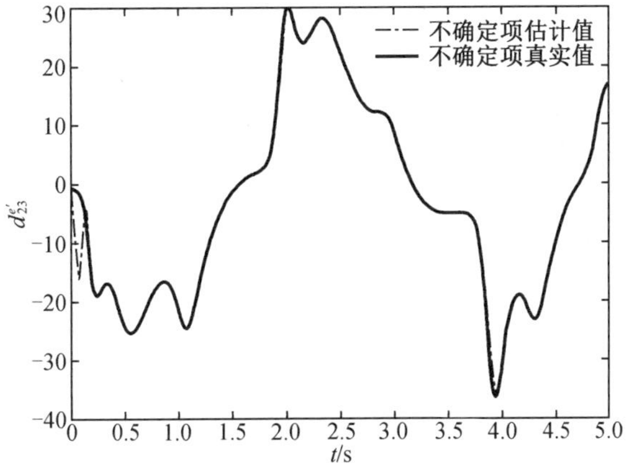

(e) 不确定项$d_{23}^{e'}$

图 4.4(续)

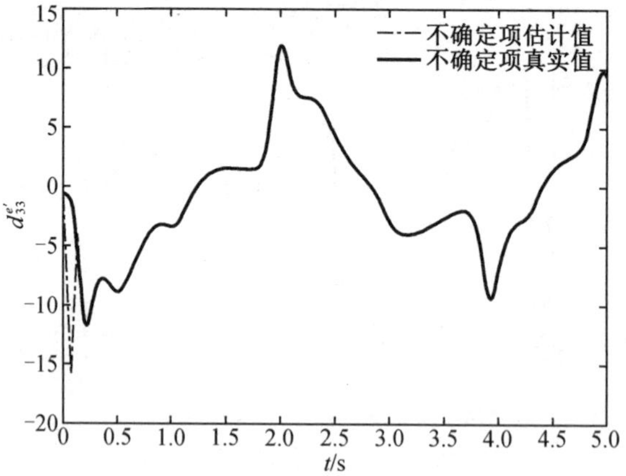

(f) 不确定项$d^{e'}_{33}$

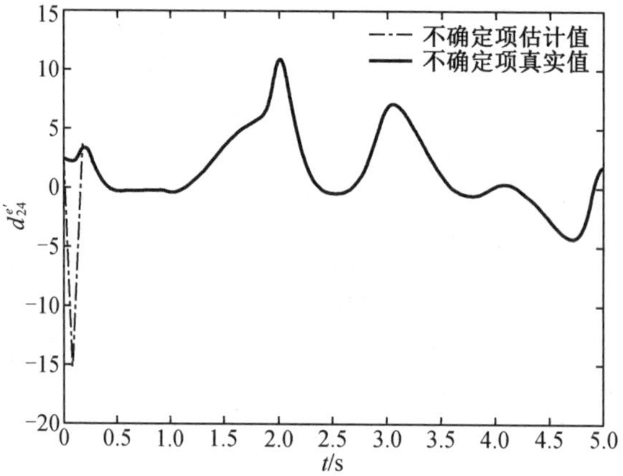

(g) 不确定项$d^{e'}_{24}$

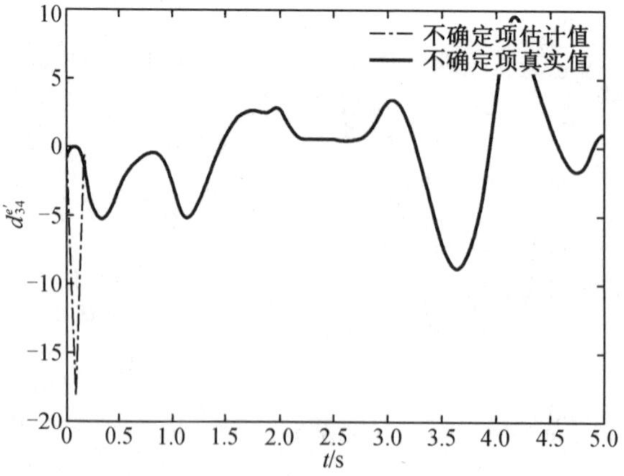

(h) 不确定项$d^{e'}_{34}$

图 4.4(续)

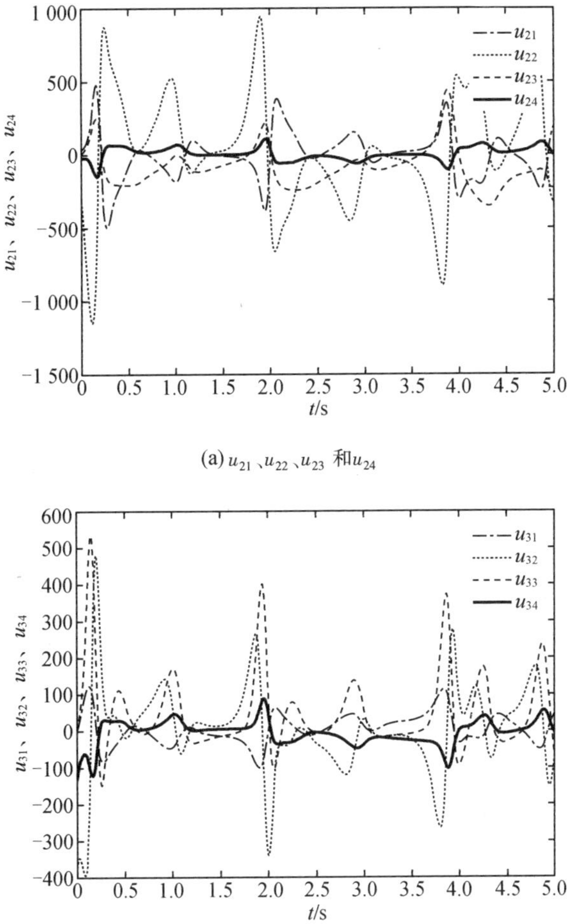

(a) u_{21}、u_{22}、u_{23} 和u_{24}

(b) u_{31}、u_{32}、u_{33} 和u_{34}

图 4.5　设计的控制器

备注 4.3　在参考文献[83]中,实现了多混沌系统的传递同步,但是收敛速度仅限于渐近稳定。在参考文献[83, 91]中,未考虑混沌系统的不确定性因素对混沌同步的影响。受上述参考文献的启发,本章中涉及多混沌同步的方案中研究了不确定性多混沌系统在有限时间内实现 TMPS 的情况。

4.4.4　一种基于传递混沌同步的掩盖加密

基于混沌掩盖加密的信号传输在实际生活中具有非常重要的意义和研究价值[148-149]。在混沌掩盖传输方案中,其混沌信号充当掩盖信号,将发送方发送到接收方的消息信号添加到掩盖信号中。在接收器处,消息信号从掩盖后的信号中还原。为了增强加密消息的安全性,掩盖信号不限于单个混沌系统。因此,参考文献[97]实现了基于两个混沌系统的组合同步的信号保密通信。在本小节中,采用多混沌系统的 TMPS 来实现基于混沌掩盖的加密和解密。在接收处,可以通过从接收到的掩盖信号中减去同步后的响应系统信号的方法来还原原始信号。

为了演示基于多混沌系统 TMPS 的掩盖加密的过程，分别将式(4.68)和式(4.70)作为加密系统和解密系统。选择消息信号 $i(t)=0.9\sin(20t)$ 作为传输信号，该信号需要被混沌信号掩盖。其中，混沌信号 x_{11} 作为相应的掩盖信号，加密信号 $I_s(t)=i(t)+x_{11}$。在接收处，解密信号 $i_c(t)$ 可以通过 $i_c(t)=I_s(t)-x_{14}$ 还原。当多混沌系统完成 TMPS 时，可得 $i_c(t)=i(t)$。因此，消息信号 $i(t)$、恢复信号 $i_c(t)$、误差信号 $e=i_c(t)-i(t)$ 和加密信号 $I_s(t)$ 分别如图 4.6(a)(b)(c)(d)所示。

通过基于传递混沌同步的信号保密通信实验可知，加密后的消息信息可以完全还原，还原误差趋近于零，且始终保持平稳。

备注 4.4 由备注 4.2 可知，当 $n=2$ 时，可以将基于 TMPS 的安全通信的应用简化为基于 MPS 的安全通信的应用。因此，在多个响应系统和一个驱动系统的混沌同步中，基于 MPS 的安全通信应用可以使用驱动系统生成加密序列，并从多个响应混沌系统中选择其中一个系统来还原原始序列。根据基于 TMPS 的安全通信，当将 $n=2$ 用于 TMPS 时，基于 MPS 和 TMPS 的安全通信过程相同。因此，简单起见，省略了基于 MPS 的安全通信实验。

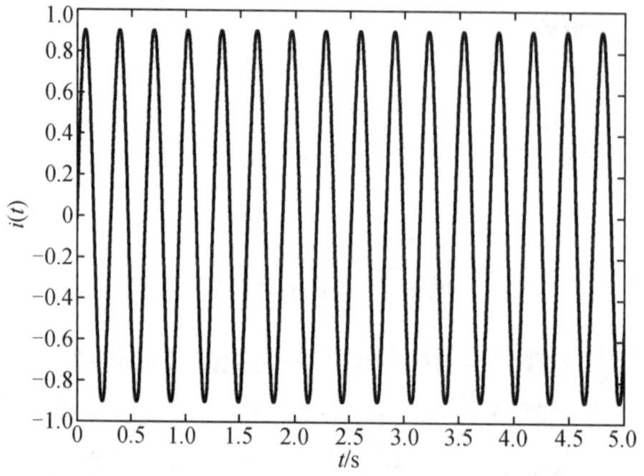

(a) 消息信号 $i(t)$

图 4.6 混沌掩盖加密

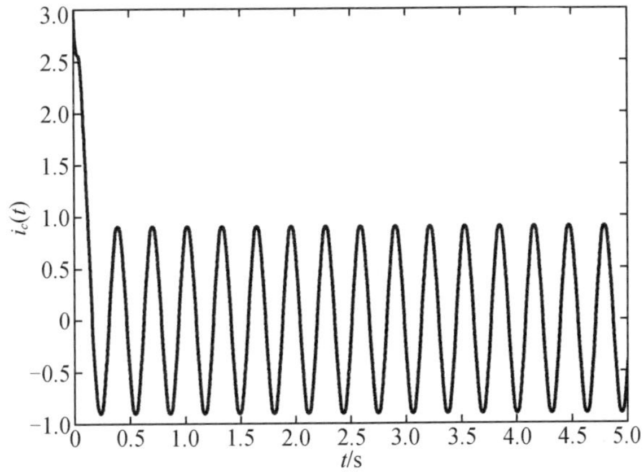

(b) 恢复的信号$i_c(t)$

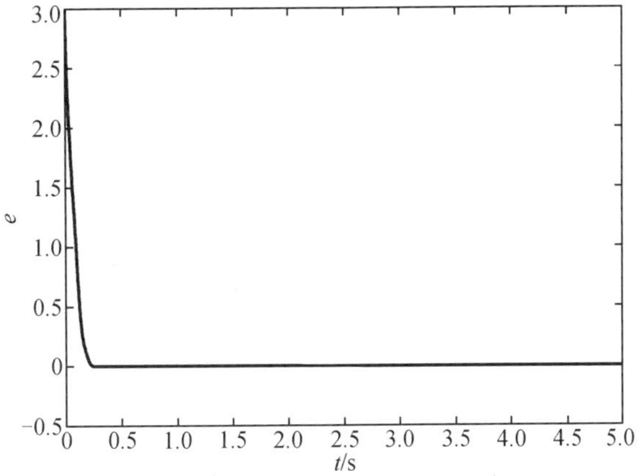

(c) 误差信号 $e=i_c(t)-i(t)$

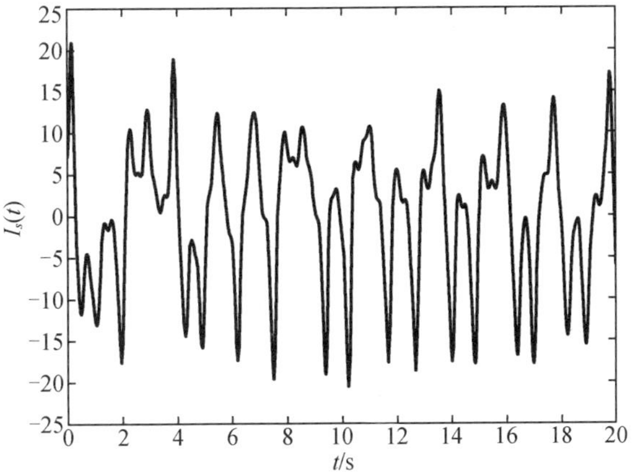

(d) 加密信号$I_s(t)$

图 4.6(续)

与基于传统的混沌同步的信号保密通信方案相比,传递混沌同步的复杂性更高,在一定程度上提高了信号保密通信的安全性。

4.5 本章小结

在工程应用中,有限时间同步控制已成为普遍趋势。本章考虑了多混沌系统的两种混沌同步模式,以实现多混沌系统状态轨迹的有限时间同步控制,且设计的超螺旋观测器可以在有限的时间内估计非线性系统的不确定项,提出的控制器可以保证系统的收敛性和稳定性。通过数值仿真,验证了上述同步方案的有效性和鲁棒性,仿真结果与理论结果相符。进行了基于传递混沌同步的信号保密通信实验,其结果验证了基于传递混沌同步的信号安全通信方案的可行性。

当前,混沌系统的理论研究在向混沌电路系统发展。其中,基于忆阻器的混沌电路系统受到广泛关注,特别是在混沌电路控制理论中,接下来我们将进一步研究基于忆阻器的混沌系统同步控制问题。

第5章 忆阻器混沌系统的同步控制及其图像保密通信

5.1 引 言

由于忆阻器的非线性特性可以应用于混沌系统中，很多控制策略被提出应用于基于忆阻器混沌系统的同步控制，例如滑模控制[150]、模糊控制[130]、脉冲同步[125]和自适应同步[126]等。然而，在上述方法中，设计的控制器往往包含多个复杂的输入，且控制器输入的数量与系统状态变量数量相等，这不利于实际工程应用。考虑到以上不足，往往要求混沌同步控制器的设计简单，且控制器输入的数量应尽可能少。当前，为了解决控制器的复杂性，参考文献[151-152]实现了单一控制器进行的混沌同步控制，但其设计的单一控制器输入限定于固定形式的系统。Kountchou 等[128]通过优化控制器输入实现了基于忆阻器的三维混沌系统同步控制，进一步降低了控制器的复杂性。考虑到高阶混沌系统比低阶混沌系统表现出更复杂的动力学行为，Wang 等[103]提出了有限时间控制来同步两个相同的基于忆阻器的四阶混沌系统。然而，上述参考文献中设计的有限时间控制器输入在实际应用中难以实现。当前，对于减少控制输入的数量并优化控制器的形式仍然是一个开放且具有挑战性的问题。本章提出了一种单一反馈控制器来实现两个基于忆阻器的四阶混沌系统的同步控制。通过数值仿真，证明了设计的混沌同步控制器的有效性。此外，还将混沌同步应用于彩色图像安全通信中。同时，在我们下一步的工作中，基于单一反馈控制器的输入方案将应用于基于忆阻器混沌同步控制的硬件电路实现中。

5.2 一种忆阻器混沌系统的模型描述

通常,忆阻器被视为第四类电路元件,它包括荷控忆阻器和磁控忆阻器两种。在经典蔡氏电路中,分段线性蔡氏二极管由磁控忆阻器代替,能够产生混沌行为[17]。关于忆阻器的研究,已经出现了许多数学模型,包括窗函数模型、分段线性函数模型和三次型函数模型等。其中,以忆阻器的三次型函数模型为例,电荷与磁通量之间的关系函数描述如下:

$$q(\varphi)=\alpha\varphi+\beta\varphi^3 \tag{5.1}$$

其中,系数 α 和 β 为常数。它的忆阻值为

$$W(\varphi)=\frac{\mathrm{d}q(\varphi)}{\mathrm{d}\varphi}=\alpha+3\beta\varphi^2 \tag{5.2}$$

由式(5.1)、式(5.2)可知,通过忆阻器的电流和忆阻器两端的电压为

$$\begin{cases} i=W(\varphi)v=(\alpha+3\beta\varphi^2)v \\ v=\dfrac{\mathrm{d}\varphi}{\mathrm{d}t} \end{cases} \tag{5.3}$$

基于经典蔡氏电路,使用忆阻器替换非线性蔡氏二极管组件,可以构造基于忆阻器的混沌电路,如图 5.1 所示。

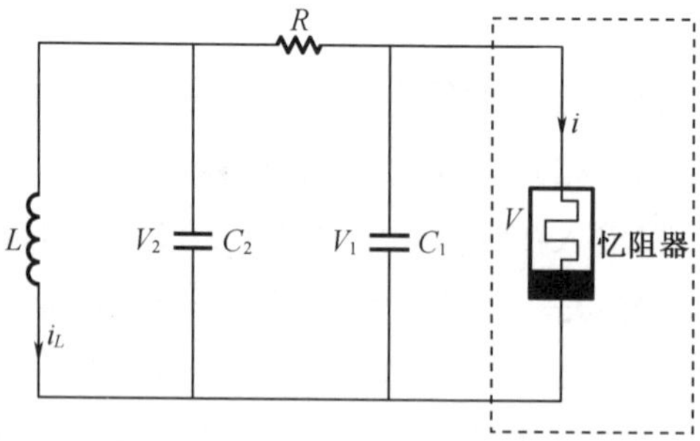

图 5.1 基于忆阻器的混沌电路

基于基尔霍夫电流定律,图 5.1 所示的基于忆阻器的混沌电路系统可表示为

$$
\begin{cases}
\dfrac{\mathrm{d}\varphi(t)}{\mathrm{d}t}=V_1(t)\\
\dfrac{\mathrm{d}V_1(t)}{\mathrm{d}t}=\dfrac{1}{C_1}\left[\dfrac{V_2(t)-V_1(t)}{R}-i\right]\\
\dfrac{\mathrm{d}V_2(t)}{\mathrm{d}t}=\dfrac{1}{C_2}\left[\dfrac{V_1(t)-V_2(t)}{R}-i_L\right]\\
\dfrac{\mathrm{d}i_L(t)}{\mathrm{d}t}=\dfrac{V_2(t)}{L}
\end{cases}
\tag{5.4}
$$

基于式(5.4)，Muthuswamy[17]在 2010 年实现了基于忆阻器的混沌电路设计，且通过引入比例缩放因子 ξ 以控制电压值保持在实际范围内，其系统模型可描述为

$$
\begin{cases}
\dfrac{\mathrm{d}\varphi(t)}{\mathrm{d}t}=\dfrac{-V_1(t)}{\xi}\\
\dfrac{\mathrm{d}V_1(t)}{\mathrm{d}t}=\dfrac{1}{C_1}\left[\dfrac{V_2(t)-V_1(t)}{R}-(\alpha+3\beta\varphi^2)V_1(t)\right]\\
\dfrac{\mathrm{d}V_2(t)}{\mathrm{d}t}=\dfrac{1}{C_2}\left[\dfrac{V_1(t)-V_2(t)}{R}-i_L(t)\right]\\
\dfrac{\mathrm{d}i_L(t)}{\mathrm{d}t}=\dfrac{V_2(t)}{L}
\end{cases}
\tag{5.5}
$$

其中

$$
\begin{gathered}
\xi=8.2\ \mathrm{k\Omega}\times 47\ \mathrm{nF}\\
R=2\,000\ \Omega\\
C_1=6.8\ \mathrm{nF}\\
C_2=68\ \mathrm{nF}\\
\alpha=0.667\times 10^{-3}\\
\beta=0.029\times 10^{-3}\\
L=18\ \mathrm{mH}
\end{gathered}
\tag{5.6}
$$

为了进一步保证式(5.5)可以产生混沌行为，选择式(5.5)的初始值为(0,0.2,0.1,0)，利用参考文献[153]中给出的时间序列方法，通过数值计算，其相应的李雅谱诺夫指数计算结果为(0,0.04,≈0,-1.81)，如图 5.2 所示。显然，李雅普诺夫指数的值满足混沌吸引子的要求。

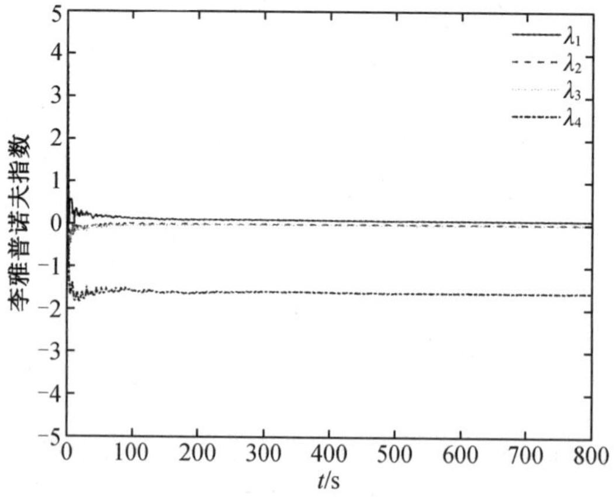

图 5.2 李雅普诺夫指数计算结果

方便起见，令 $x_1=\varphi, x_2=V_1, x_3=V_2, x_4=i_L$，那么式(5.5)可重写为

$$\begin{cases}\dot{x}_1=-\dfrac{1}{\xi}x_2\\ \dot{x}_2=\dfrac{1}{RC_1}(x_3-x_2)-\dfrac{\alpha}{C_1}x_2-\dfrac{3\beta}{C_1}x_1^2x_2\\ \dot{x}_3=\dfrac{1}{RC_2}(x_2-x_3)-\dfrac{1}{C_2}x_4\\ \dot{x}_4=\dfrac{1}{L}x_3\end{cases} \tag{5.7}$$

其中，状态向量 $\boldsymbol{x}=[x_1,x_2,x_3,x_4]^{\mathrm{T}}$。

通过数值仿真，可以得到基于忆阻器的混沌系统(5.7)的二维相平面，如图 5.3 所示。

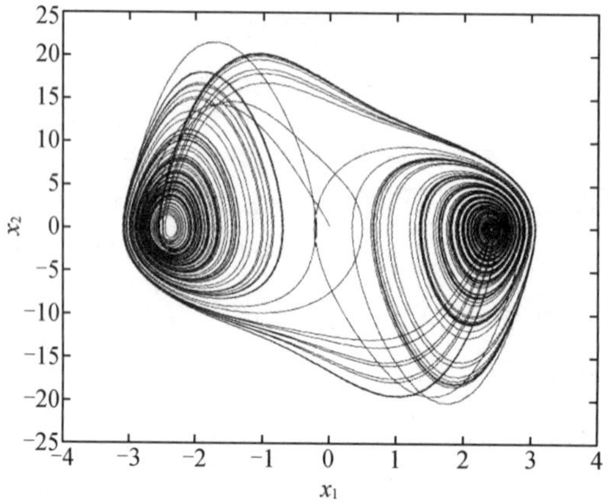

(a) x_1-x_2

图 5.3 基于忆阻器的混沌系统的二维相平面

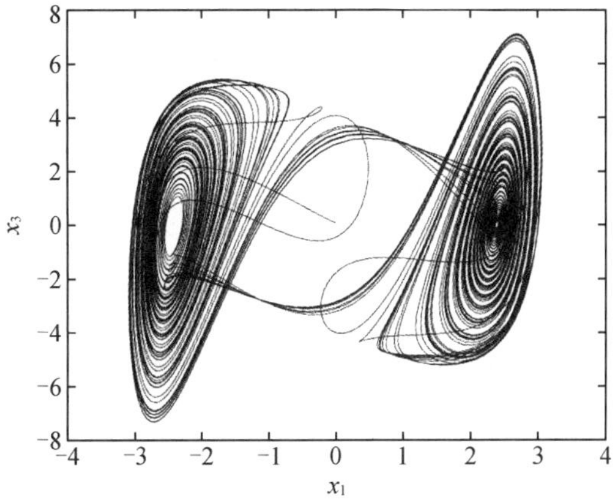

(b) x_1-x_3

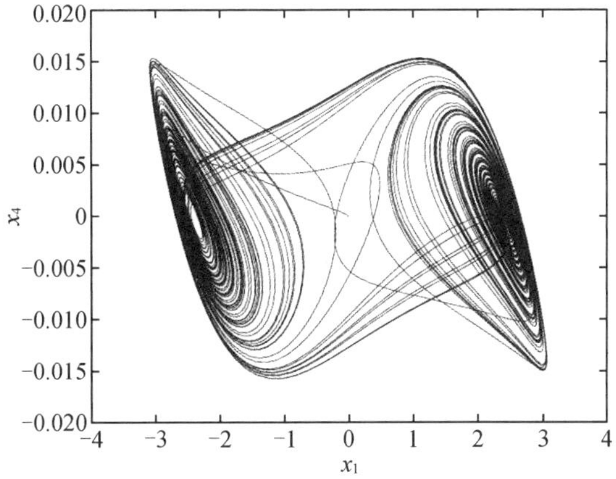

(c) x_1-x_4

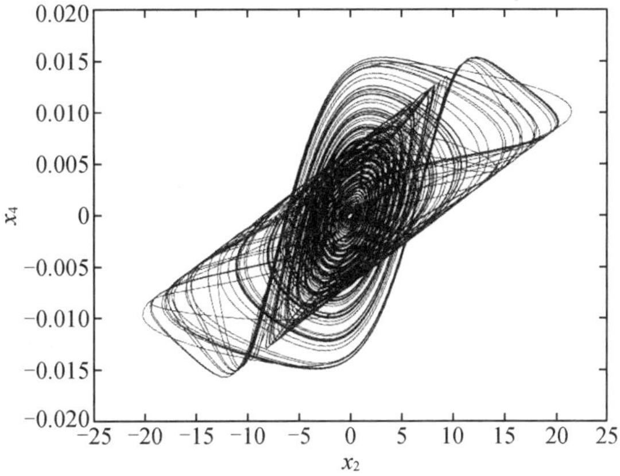

(d) x_2-x_4

图 5.3(续)

5.3 一种忆阻器混沌系统的单一反馈同步控制

5.3.1 一种单一反馈同步控制器设计

在本小节中,我们的目标是设计一个尽可能简单的控制器,为此我们首先介绍一种单输入控制策略,以实现两个基于忆阻器的混沌系统同步。

众所周知,驱动-响应策略常被用于研究混沌同步控制。因此,令式(5.7)为驱动系统,则具有控制器输入的响应系统可构造为

$$\begin{cases}\dot{y}_1=-\dfrac{1}{\xi}y_2\\ \dot{y}_2=\dfrac{1}{RC_1}(y_3-y_2)-\dfrac{\alpha}{C_1}y_2-\dfrac{3\beta}{C_1}y_1^2y_2+u\\ \dot{y}_3=\dfrac{1}{RC_2}(y_2-y_3)-\dfrac{1}{C_2}y_4\\ \dot{y}_4=\dfrac{1}{L}y_3\end{cases}\tag{5.8}$$

其中,$\boldsymbol{y}=[y_1,y_2,y_3,y_4]^{\mathrm{T}}$;$u$ 为需设计的单输入控制器。

为了实现式(5.7)和式(5.8)的同步控制,误差系统可以被定义为 $\boldsymbol{e}=y-x$,即

$$\begin{cases}\dot{e}_1=-\dfrac{1}{\xi}e_2\\ \dot{e}_2=\dfrac{1}{RC_1}(e_3-e_2)-\dfrac{\alpha}{C_1}e_2-\dfrac{3\beta}{C_1}(y_1^2y_2-x_1^2x_2)+u\\ \dot{e}_3=\dfrac{1}{RC_2}(e_2-e_3)-\dfrac{1}{C_2}e_4\\ \dot{e}_4=\dfrac{1}{L}e_3\end{cases}\tag{5.9}$$

这样,式(5.7)和式(5.8)之间的同步问题就转化为误差系统(5.9)的稳定性问题,也就是说,要设计这样的控制器 u 以实现$\lim\limits_{t\to\infty}e_i=0,i=1,2,3,4$。

为了确保系统(5.9)的渐近稳定,提出的单输入反馈控制器如下:

$$u=-\mu_1e_1-\mu_2e_2+\varepsilon\tag{5.10}$$

其中,参数 μ_1、μ_2 为常量;$\varepsilon=\dfrac{3\beta}{C_1}(y_1^2y_2-x_1^2x_2)-\dfrac{1}{RC_1}e_3$。

定理 5.1 在式(5.10)中,假定控制器中的参数满足以下不等式:

$$\begin{cases}\mu_1<0\\ \mu_2>-\dfrac{1+\alpha R}{RC_1}\end{cases}\tag{5.11}$$

那么,在设计的控制器(5.10)作用下,式(5.9)的状态轨迹可以渐近收敛到零。

证明　基于参考文献[47, 154]中的规范形式,令 $\lambda_1=e_3,\lambda_2=e_4$,式(5.9)可重写为

$$\begin{cases}\dot e_1=-\dfrac{1}{\xi}e_2\\ \dot e_2=\dfrac{1}{RC_1}(e_3-e_2)-\dfrac{\alpha}{C_1}e_2-\dfrac{3\beta}{C_1}(y_1^2y_2-x_1^2x_2)+u\\ \dot\lambda_1=\dfrac{1}{RC_2}(e_2-\lambda_1)-\dfrac{1}{C_2}\lambda_2\\ \dot\lambda_2=\dfrac{1}{L}\lambda_1\\ y=e_2\end{cases}\tag{5.12}$$

其中,y 表示系统(5.12)的输出。

将式(5.10)代入系统(5.12),可得

$$\begin{cases}\dot e_1=-\dfrac{1}{\xi}e_2\\ \dot e_2=-\mu_1e_1-\left(\dfrac{1}{RC_1}+\dfrac{\alpha}{C_1}+\mu_2\right)e_2\\ \dot{\boldsymbol\lambda}=\boldsymbol\zeta(\boldsymbol e_2,\boldsymbol\lambda)\\ y=e_2\end{cases}\tag{5.13}$$

其中,$\boldsymbol\lambda=[\lambda_1,\lambda_2]^{\mathrm T}$ 和 $\boldsymbol\zeta(\boldsymbol e_2,\boldsymbol\lambda)=\left[\dfrac{1}{RC_2}(e_2-\lambda_1)-\dfrac{1}{C_2}\lambda_2,\dfrac{1}{L}\lambda_1\right]^{\mathrm T}$。

为了使系统(5.13)满足最小相位特性,也就是说,为了确保零动态子系统 $\dot\lambda=\zeta(0,\lambda)$ 在原点处是渐近稳定的,我们需要证明闭环系统在输出 $y=0$ 时,仍然保持内部稳定性。因此,为了描述零动态子系统,可以限定 e 为

$$P=\{e\in R^4\mid e_1=e_2=0\}\tag{5.14}$$

同时,注意到子系统 $\boldsymbol\lambda=[\lambda_1,\lambda_2]^{\mathrm T}$ 实际上是有界的,那么零动态子系统可以描述如下:

$$\dot\lambda=\boldsymbol{B\lambda}\tag{5.15}$$

其中

$$B=\begin{bmatrix}-\frac{1}{RC_2} & -\frac{1}{C_2}\\ \frac{1}{L_1} & 0\end{bmatrix} \tag{5.16}$$

由于矩阵 $\boldsymbol{B}$ 特征值的实部小于零，那么式(5.16)是符合劳思-赫尔维茨稳定判据的。因此，零动态子系统 $\dot{\lambda}=\psi(0,\lambda)$ 的轨迹可以渐近收敛至原点，即系统(5.13)是最小相位的。紧接着，需要设计合适的控制器以实现 $\lim\limits_{t\to\infty} e_2=0$，也就是说，当 $e_2(t)\to 0$ 时随着 $t\to\infty$，$\psi(0,\lambda)\to 0$。

因此，为了实现 $\lim\limits_{t\to\infty} e_i(t)=0, i=1,2$，令 $\delta_1=e_1$，$\delta_2=e_2$，$\boldsymbol{\delta}=[\delta_1,\delta_2]^{\mathrm{T}}$，那么 $\dot{\boldsymbol{\delta}}$ 可以写成

$$\dot{\boldsymbol{\delta}}=\boldsymbol{E}\boldsymbol{\delta} \tag{5.17}$$

其中

$$\boldsymbol{E}=\begin{bmatrix}0 & -\frac{1}{\xi}\\ -\mu_1 & -\left(\frac{1}{RC_1}+\frac{\alpha}{C_1}+\mu_2\right)\end{bmatrix} \tag{5.18}$$

式(5.18)需要满足劳思-赫尔维茨稳定判据，即矩阵 $\boldsymbol{E}$ 的特征值的实部应小于零，也就是说控制器(5.10)中的参数应满足不等式 $\mu_1<0$ 和 $\mu_2>-\frac{1+\alpha R}{RC_1}$，那么系统(5.17)可以实现系统渐近。

回顾系统(5.15)和系统(5.17)，在控制器(5.10)作用下，且控制器参数满足式(5.11)时，误差系统(5.9)的状态轨迹可以实现渐近收敛，证毕。

备注 5.1　通过分析前期工作，在参考文献[151-152]中提出的单一控制器输入不能用于解决上述基于忆阻器混沌系统的同步控制，因为它们限定于特定结构的非线性系统。为了克服系统形式的限制，可以再额外添加控制器的数量。但是控制器输入数量的增加不利于将来工作中硬件电路的实现。

备注 5.2　参考文献[103, 107, 125, 130]中提出的控制器的数量与状态变量的数量相同。显然，控制器的数量过多，会限制电路的实现。在本书中，简化的控制器输入改善了复杂控制信号迫使响应系统的状态轨迹跟踪驱动系统状态轨迹的情况。

5.3.2　忆阻器混沌系统同步数值仿真

在本节中，给出了基于忆阻器混沌同步的数值仿真结果，以表明所提出的控制器的可行性。

式(5.7)和式(5.8)的初始值分别选择为

$$\boldsymbol{x}_1(0)=[0,0.2,0.1,0]^{\mathrm{T}} \tag{5.19}$$

$$\boldsymbol{y}_1(0)=[-1,-4,1,0.01]^{\mathrm{T}} \tag{5.20}$$

控制器(5.10)的参数选择为

$$\mu_1=-\frac{1}{RC_1} \tag{5.21}$$

$$\mu_2=\frac{1}{RC_1} \tag{5.22}$$

因此,基于忆阻器混沌同步的误差系统(5.9)的状态轨迹由图 5.4 所示。由图 5.4 可知,所提出的控制器可以实现两个基于忆阻器混沌系统的渐近同步。

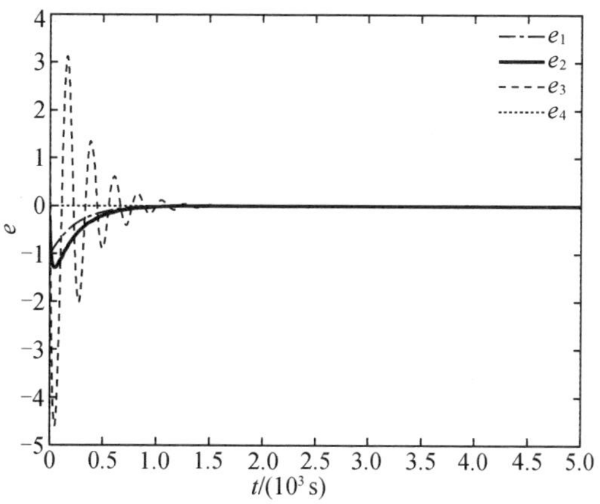

图 5.4　误差系统 e_1、e_2、e_3 和 e_4 的状态轨迹

结合系统的最小相位特性,分析误差系统(5.9)的仿真结果可知,在控制器(5.10)的作用下,误差系统(5.9)中的状态 e_1、e_2 收敛到零。其次,e_3 和 e_4 的状态轨迹符合零动态子系统的渐进稳定性。

5.3.3　一种基于忆阻器混沌系统同步的图像保密通信

鉴于数字图像在网络通信中的广泛应用,对数字图像的保护迫在眉睫,已经引起了学术界的高度重视。为了增强数字图像在传输过程中的安全性,基于 DNA 分子的双螺旋模型和碱基的互补配对特性,采用 DNA 编码技术对二进制序列进行编码,可以将图像加密的操作映射到 DNA 序列。

众所周知,DNA 序列上的含氮碱基包括腺嘌呤(A)、胸腺嘧啶(T)、胞嘧啶(C)和鸟嘌呤(G),可用 11,10,01,00 来表示。根据互补关系,有八种规则可以满足需求,如表 5.1 所示。表 5.2 根据表 5.1 中的规则 1 对 DNA 的异或(XOR)运算进行描述。

表 5.1 DNA 编码规则

碱基	1	2	3	4	5	6	7	8
C	00	00	01	01	10	10	11	11
G	11	11	10	10	01	01	00	00
A	10	01	11	00	11	00	01	10
T	01	10	00	11	00	11	10	01

表 5.2 DNA 异或运算

异或	C	G	A	T
C	C	G	A	T
G	G	C	T	A
A	A	T	C	G
T	T	A	G	C

其中,基于忆阻器混沌系统同步的彩色图像加密和解密流程图如图 5.5 所示。

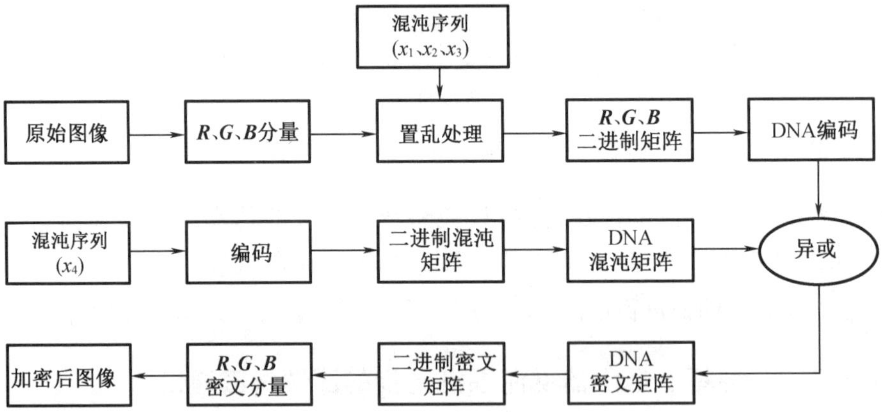

(a) 加密过程

图 5.5 图像加密和解密流程图

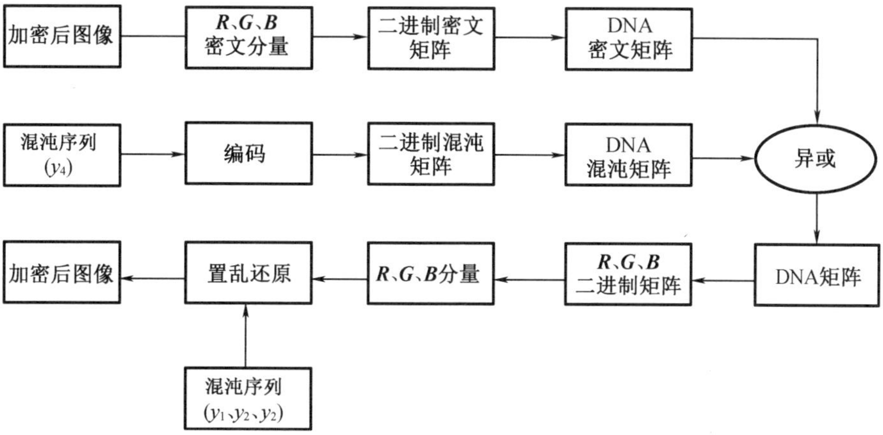

(b) 解密过程

图 5.5(续)

考虑具有 $k \cdot m \cdot 3$ 像素的彩色图像,在式(5.7)和式(5.8)实现混沌同步之后,可以进行以下加密和解密处理。

1. 彩色图像加密过程

彩色图像的加密步骤如下。

步骤 1:读取原始的 RGB 图像,获得图像的矩阵为 $\boldsymbol{C}(k,m,3)$,并将矩阵进一步拆分为 $\boldsymbol{R}(k,m)$,$\boldsymbol{G}(k,m)$ 和 $\boldsymbol{B}(k,m)$ 分量,其中 k 和 m 分别表示彩色图像的行列数。

步骤 2:从驱动系统 x 中提取 4 维不同的混沌序列,其中 $\boldsymbol{x}=[x_1,x_2,x_3,x_4]^{\mathrm{T}}$,且每一维序列的长度为 $L=k \cdot m$。将每个序列转换成与彩色图像拆分后的 $\boldsymbol{R}$、$\boldsymbol{G}$、$\boldsymbol{B}$ 分量同样大小的二维矩阵项$\boldsymbol{x}_1'$、$\boldsymbol{x}_2'$、$\boldsymbol{x}_3'$和$\boldsymbol{x}_4'$。

步骤 3:对 $\boldsymbol{R}$、$\boldsymbol{G}$、$\boldsymbol{B}$ 分量进行置乱处理,在行方向上,对矩阵$\boldsymbol{x}_1'$、$\boldsymbol{x}_2'$、$\boldsymbol{x}_3'$进行升序排序,将行索引分别作为 $\boldsymbol{R}(k,m)$、$\boldsymbol{G}(k,m)$ 和 $\boldsymbol{B}(k,m)$ 分量的行置乱索引。同样地,在列方向上,对矩阵$\boldsymbol{x}_1'$、$\boldsymbol{x}_2'$、$\boldsymbol{x}_3'$进行降序排序,将列索引分别作为 $\boldsymbol{R}(k,m)$、$\boldsymbol{G}(k,m)$ 和 $\boldsymbol{B}(k,m)$ 的列置乱索引。

步骤 4:将置乱后的 $\boldsymbol{R}$、$\boldsymbol{G}$、$\boldsymbol{B}$ 分量矩阵转换为二进制矩阵$\boldsymbol{R}'(k,m)$、$\boldsymbol{G}'(k,m)$和 $\boldsymbol{B}'(k,m)$,然后根据表 5.1 中的规则 2,将二进制矩阵$\boldsymbol{R}'(k,m)$、$\boldsymbol{G}'(k,m)$和$\boldsymbol{B}'(k,m)$转换为 DNA 矩阵$\boldsymbol{R}_{\mathrm{d}}(k,m)$、$\boldsymbol{G}_{\mathrm{d}}(k,m)$和$\boldsymbol{B}_{\mathrm{d}}(k,m)$。

步骤 5:对混沌序列进行编码,为了更均匀地分布像素值,取两个参数

$$\begin{cases} p_{i,j}=\mathrm{abs}\{x_4'(i,j)-\mathrm{round}[x_4'(i,j)]\}\times 10^3 \\ q_{i,j}=\mathrm{abs}\{x_4'(i,j)-\mathrm{round}[x_4'(i,j)]\}\times 10^4 \end{cases} \tag{5.23}$$

其中,(i,j)是矩阵$\boldsymbol{x}_4'$的坐标。然后取

$$\boldsymbol{c}_{i,j}=(p_{i,j}\cdot i+q_{i,j}\cdot j) \bmod 256 \tag{5.24}$$

进一步将矩阵序列$\boldsymbol{c}_{i,j}$转换为二进制矩阵$\boldsymbol{C}'$,然后参考步骤 4,再转换二进制矩阵

$\boldsymbol{C}'$为 DNA 矩阵$\boldsymbol{C}_{\mathrm{d}}$。

步骤 6:参考表 5.2 中的异或规则,对$\boldsymbol{C}_{\mathrm{d}}$ 和$\boldsymbol{R}_{\mathrm{d}}$、$\boldsymbol{G}_{\mathrm{d}}$、$\boldsymbol{B}_{\mathrm{d}}$ 分别执行异或操作,然后获得加密后的 DNA 矩阵$\boldsymbol{R}'_{\mathrm{d}}$、$\boldsymbol{G}'_{\mathrm{d}}$和$\boldsymbol{B}'_{\mathrm{d}}$,即

$$\begin{cases}\boldsymbol{R}'_{\mathrm{d}}=\boldsymbol{R}_{\mathrm{d}}\oplus\boldsymbol{C}_{\mathrm{d}}\\ \boldsymbol{G}'_{\mathrm{d}}=\boldsymbol{G}_{\mathrm{d}}\oplus\boldsymbol{C}_{\mathrm{d}}\\ \boldsymbol{B}'_{\mathrm{d}}=\boldsymbol{B}_{\mathrm{d}}\oplus\boldsymbol{C}_{\mathrm{d}}\end{cases}\tag{5.25}$$

步骤 7:根据表 5.1 中的规则 5,将加密后的 DNA 矩阵$\boldsymbol{R}'_{\mathrm{d}}$、$\boldsymbol{G}'_{\mathrm{d}}$和$\boldsymbol{B}'_{\mathrm{d}}$转换为二进制密文矩阵$\boldsymbol{R}''$、$\boldsymbol{G}''$和$\boldsymbol{B}''$,再得到 RGB 密文分量。

步骤 8:最后,将 RGB 密文分量重新组合为加密后彩色的图像。

2. 彩色图像解密过程

解密过程作为加密过程的逆过程,具体步骤如下。

步骤 1:读取加密的图像,然后将图像拆分为 $\boldsymbol{R}$、$\boldsymbol{G}$、$\boldsymbol{B}$ 分量。

步骤 2:转换 $\boldsymbol{R}$、$\boldsymbol{G}$、$\boldsymbol{B}$ 分量为二进制密文矩阵$\boldsymbol{R}''$、$\boldsymbol{G}''$和$\boldsymbol{B}''$,然后根据与加密步骤 7 相同的 DNA 编码规则,获得 DNA 矩阵$\boldsymbol{R}'_{\mathrm{d}}$、$\boldsymbol{G}'_{\mathrm{d}}$、$\boldsymbol{B}'_{\mathrm{d}}$。

步骤 3:从响应系统 $\boldsymbol{y}$ 中提取 4 维不同的混沌序列,其中 $\boldsymbol{y}=[y_1,y_2,y_3,y_4]^{\mathrm{T}}$,且每一维序列的长度为 $L=k\cdot m$。将每个序列转换成与彩色图像拆分后的 $\boldsymbol{R}$、$\boldsymbol{G}$、$\boldsymbol{B}$ 分量同样大小的二维矩阵项$\boldsymbol{y}'_1$、$\boldsymbol{y}'_2$、$\boldsymbol{y}'_3$和$\boldsymbol{y}'_4$。

步骤 4:为了还原像素值,获取以下两个参数

$$\begin{cases}p'_{i,j}=\mathrm{abs}\{y'_4(i,j)-\mathrm{round}[y'_4(i,j)]\}\times10^3\\ q'_{i,j}=\mathrm{abs}\{y'_4(i,j)-\mathrm{round}[y'_4(i,j)]\}\times10^4\end{cases}\tag{5.26}$$

其中,(i,j)是矩阵$\boldsymbol{y}'_4$的坐标。然后得到

$$\boldsymbol{c}'_{i,j}=(p'_{i,j}\cdot i+q'_{i,j}\cdot j)\bmod 256\tag{5.27}$$

接着,转换矩阵序列$\boldsymbol{c}'_{i,j}$为二进制矩阵$\boldsymbol{C}''$,然后参考加密步骤 5,再转换二进制矩阵$\boldsymbol{C}''$为 DNA 矩阵$\boldsymbol{C}'_{\mathrm{d}}$。

步骤 5:对$\boldsymbol{C}'_{\mathrm{d}}$分别与$\boldsymbol{R}'$、$\boldsymbol{G}'$、$\boldsymbol{B}'$进行异或操作,得到加密 DNA 矩阵$\boldsymbol{R}'_{\mathrm{D}}$、$\boldsymbol{G}'_{\mathrm{D}}$和$\boldsymbol{B}'_{\mathrm{D}}$,即

$$\begin{cases}\boldsymbol{R}'_{\mathrm{D}}=\boldsymbol{R}'_{\mathrm{d}}\oplus\boldsymbol{C}'_{\mathrm{d}}\\ \boldsymbol{G}'_{\mathrm{D}}=\boldsymbol{G}'_{\mathrm{d}}\oplus\boldsymbol{C}'_{\mathrm{d}}\\ \boldsymbol{B}'_{\mathrm{D}}=\boldsymbol{B}'_{\mathrm{d}}\oplus\boldsymbol{C}'_{\mathrm{d}}\end{cases}\tag{5.28}$$

步骤 6:根据加密步骤 7 中的规则,将加密的 DNA 矩阵$\boldsymbol{R}'_{\mathrm{D}}$、$\boldsymbol{G}'_{\mathrm{D}}$和$\boldsymbol{B}'_{\mathrm{D}}$转换为二进制矩阵,再得到 $\boldsymbol{R}$、$\boldsymbol{G}$、$\boldsymbol{B}$ 分量$\boldsymbol{R}''_{\mathrm{D}}$、$\boldsymbol{G}''_{\mathrm{D}}$和$\boldsymbol{B}''_{\mathrm{D}}$。

步骤 7:进行置乱还原处理,在行方向上,对矩阵$\boldsymbol{y}'_1$、$\boldsymbol{y}'_2$和$\boldsymbol{y}'_3$进行升序排序,将行索引分别作为$\boldsymbol{R}''_{\mathrm{D}}$、$\boldsymbol{G}''_{\mathrm{D}}$和$\boldsymbol{B}''_{\mathrm{D}}$分量的行还原索引。同样地,在列方向上,对矩阵$\boldsymbol{y}'_1$、$\boldsymbol{y}'_2$和$\boldsymbol{y}'_3$进行降序排序,将列索引分别作为$\boldsymbol{R}''_{\mathrm{D}}$、$\boldsymbol{G}''_{\mathrm{D}}$和$\boldsymbol{B}''_{\mathrm{D}}$的列还原索引。

步骤 8:最后,将置乱还原处理后的 RGB 明文分量重新组合为图像,即是解密后

的图像。

在本章中，彩色图像(baboon. tif 和 lena. tif)用于测试加密算法的可行性。经过上述加密和解密步骤后结果如图 5.6 所示。由图 5.6 可知，基于忆阻器的混沌系统同步可以用来还原加密后的图像。

(a) 原始图像　(b) 加密后图像　(c) 解密后图像

(d) 原始图像　(e) 加密后图像　(f) 解密后图像

图 5.6　图像加密和解密后的结果

3. 保密性统计分析

利用参考文献[98]中提出的加密图像和解密图像之间的相关性结果，对图像(lena. tif)的原始图像与加密图像之间以及原始图像与解密后的图像进行相关性计算，结果分别为 0.002 1 和 1。由结果可知，本书提出的同步控制方法对于相关性分析是理想的。同时，加密后的图像容易受到来自多种密码破解技术的攻击，以下两种分析方法通常用于分析加密算法抵抗外部攻击的能力。

(1) 直方图分析

通过选择两个不同的彩色图像，分别计算原始图像、加密图像和解密图像的 $\boldsymbol{R}$、$\boldsymbol{G}$ 和 $\boldsymbol{B}$ 三个分量的直方图，其结果如图 5.7 所示。由图 5.7 可知，加密图像的统计特征已发生显著变化，其分布更加均匀。因此，该加密算法可以增强抵抗统计学的攻击。

(2) 相关性分析

通常，自然图像通常在随机方向上伴随着两个相邻像素之间的高相关系数的特性。一个好的加密方案可以保证加密图像的相关系数远小于原始图像的相关系数。为了获得图像分别在水平方向、垂直方向和对角线方向上的两个相邻像素之间的相关结果，首先，从统计的角度来看，可以分别从原始彩色图像和加密图像中随机获取

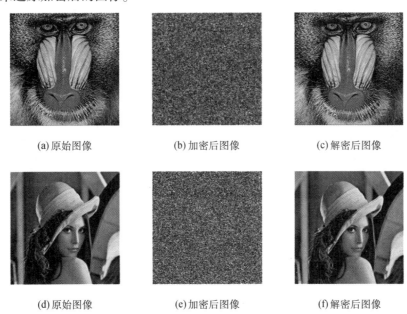

2 000 对相邻像素。其次,根据参考文献[155]中两个相邻像素的相关性计算方法,可以计算出图像(*baboon. tif*)的相关系数。其中,相邻像素的相关系数的结果如表 5. 3 所示。由表 5. 3 可知,加密后的图像在水平方向、垂直方向和对角线方向上的两个相邻像素点的相关系数接近零。另外,原始彩色图像和加密后的彩色图像在垂直方向上相邻像素的相关性分布如图 5. 8 所示。由图 5. 8 可知,加密后的彩色图像两个相邻像素之间的相关性分布更均匀,更加符合实际加密需求。

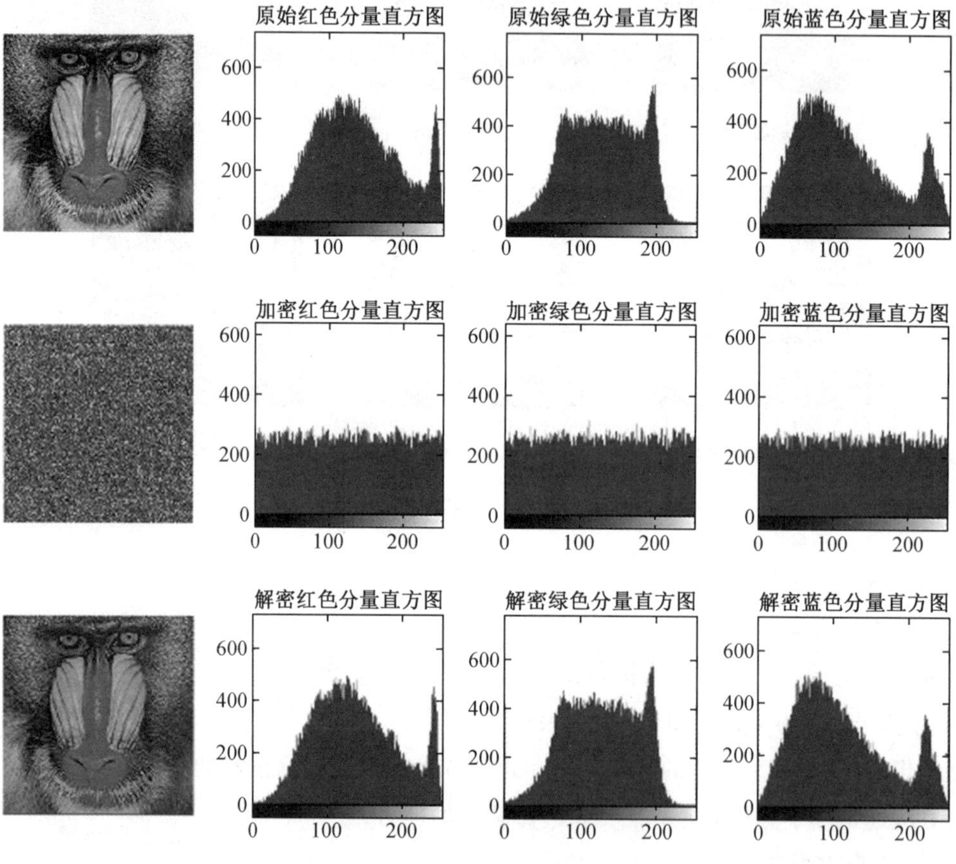

(a) *baboon. tif* 直方图

图 5.7 *R*、*G* 和 *B* 分量中的直方图分别来自原始图像、加密图像和解密图像

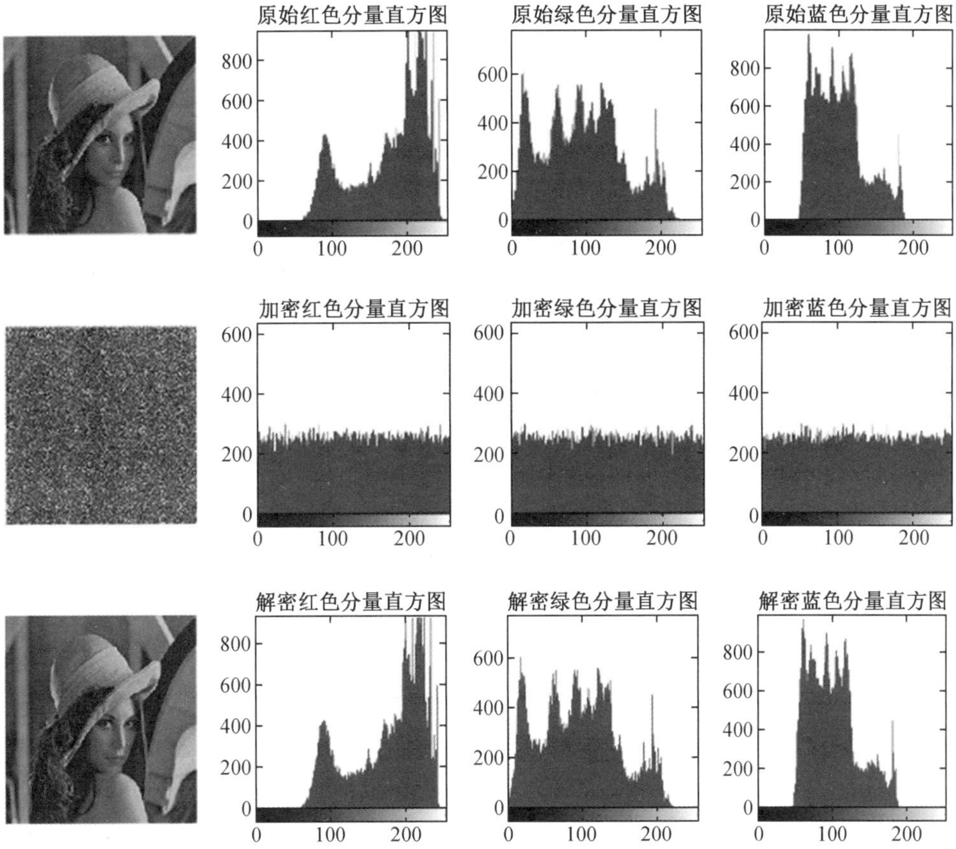

(b) *lena. tif* 直方图

图 5.7(续)

表 5.3　图像(baboon. tif)相邻像素点的相关系数

相关系数	水平	垂直	对角
原始图像	0. 920 3	0. 801 6	0. 887 3
加密后图像	-0. 006 3	0. 023 6	-0. 002 2

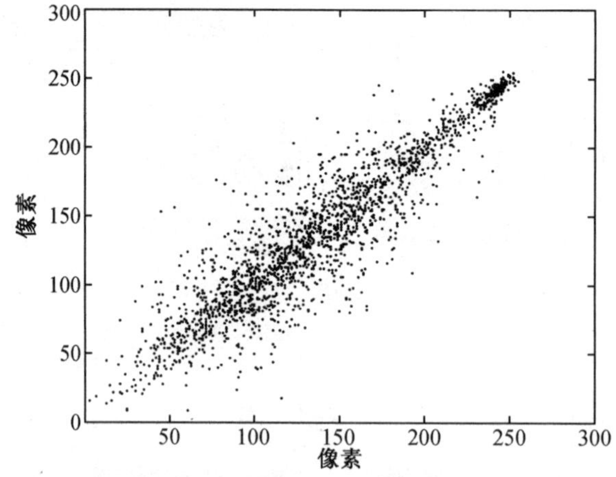

(a) 原始彩色图像的 ***R*** 分量

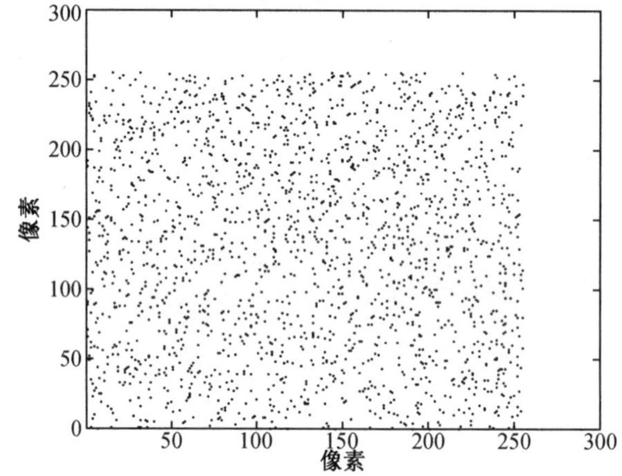

(b) 加密后图像的 ***R*** 分量

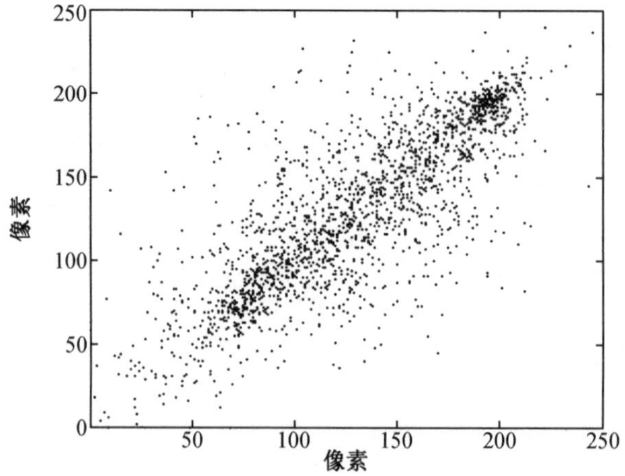

(c) 原始彩色图像的 ***G*** 分量

图 5.8　垂直方向上相邻像素的相关分布

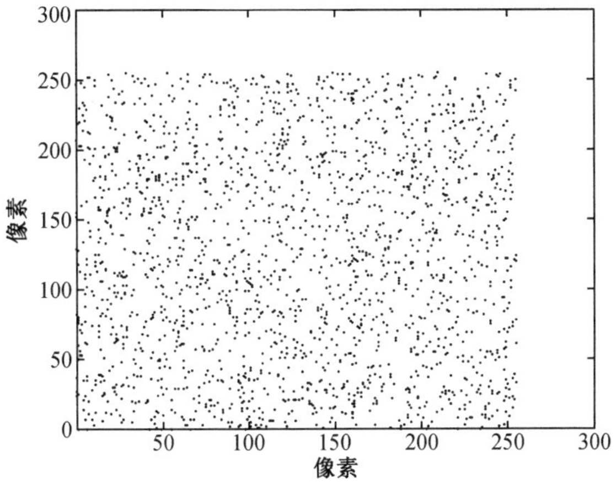

(d) 加密后图像的 ***G*** 分量

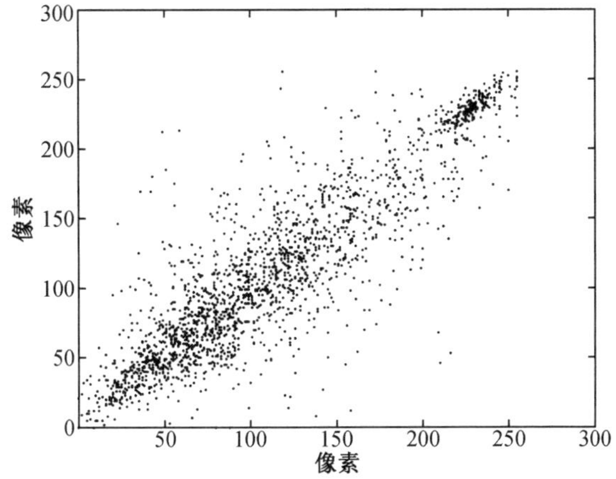

(e) 原始彩色图像的 ***B*** 分量

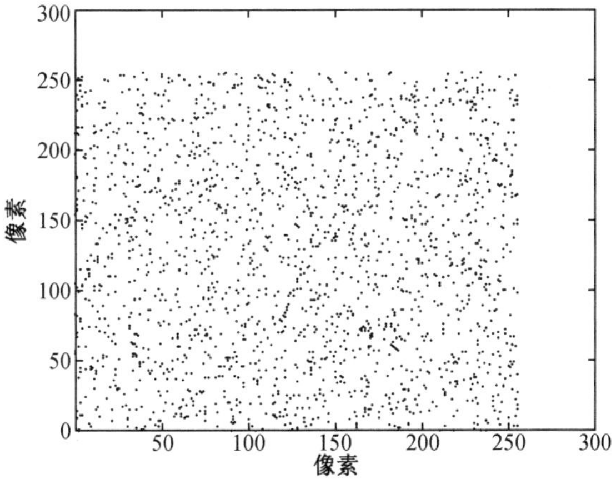

(f) 加密后图像的 ***B*** 分量

图 5.8(续)

备注 5.3 在参考文献[156]中,提出了一种基于分数阶混沌同步的加密算法,该算法部分保证了加密系统可以抵御来自网络的蛮力破解。在参考文献[103]中,未考虑图像加密方案的位置置乱处理对图像安全通信的影响。与上述方法不同,本章考虑了对彩色图像像素的置乱处理,可以进一步提高加密算法的复杂性。传输过程中的信息携带密文的缺陷可能导致加密后的数据包会被不法分子强行破解。因此,本章在图像加密过程中采用了两种 DNA 编码规则,以避免传输的密钥数据携带不必要的密文。同时,基于混沌序列的位置置乱方案对数据进行加密,可以进一步提高网络传输密文数据的安全性。

5.4 本章小结

本章设计了一种单一反馈同步控制器方案,以实现两个基于忆阻器混沌系统的同步控制。基于劳思-赫尔维茨稳定判据和最小相位系统理论,得到了系统稳定性的充分条件,以保证误差系统状态轨迹的渐近稳定。通过数值仿真,揭示了理论推导的正确性,同时验证了所提出的控制策略的有效性。最后,在基于混沌同步的图像加密中,为了增强图像的安全性,通过基于混沌序列的置乱和置换过程实现了图像像素的均匀分布。同时,加密数据经过 DNA 编码后,可以抵抗统计性攻击并显示出良好的安全性。在下一步工作中,我们会将设计的单一反馈控制器应用到硬件电路中,进一步验证设计的控制器在实际应用中的可行性。

第 6 章　忆阻器混沌同步控制电路设计与实现

6.1　引　　言

截至目前,基于忆阻器的混沌系统同步控制在数值仿真上已经得到了深入的研究[23, 125-126]。由于电路实现的复杂性,目前只有少数文献研究了基于忆阻器混沌同步控制的硬件电路实现。基于此,考虑基于忆阻器同步控制电路实现的可行性,本章将单一反馈控制器用于实现两个基于忆阻器混沌电路的同步控制。同时,基于第 5 章的数值仿真结果,本章还提供了混沌同步控制的 Multisim 电路仿真和硬件电路实验,以揭示所提出的控制器的有效性和可行性。本章首先搭建了基于忆阻器的混沌电路以显示混沌吸引子;其次实现了基于忆阻器混沌同步控制的硬件电路,验证了提出的单一反馈控制器设计有利于电路实现;最后提出了一种基于单一反馈控制的忆阻器混沌同步电路的信号保密通信方案,揭示了混沌同步控制电路的信号安全通信的可行性。

6.2　一种忆阻器混沌电路的硬件实现

在本节中,利用一类磁通量与电荷关系的典型模型,即光滑非线性忆阻器模型,将其作为研究磁控忆阻器混沌电路模型的对象,其数学模型如下所示:

$$\begin{cases} i = vW(\Phi) \\ v = \dfrac{\mathrm{d}\Phi}{\mathrm{d}t} \\ W(\Phi) = \dfrac{\mathrm{d}q(\Phi)}{\mathrm{d}\Phi} = \alpha + 3\beta\Phi^2 \end{cases} \tag{6.1}$$

其中,参数 α、β 为常量。如果 $\alpha>0,\beta>0$,那么 $W(\Phi)$ 为无源忆阻器;如果 $\alpha<0,\beta>0$,那

么 $W(\Phi)$ 为有源忆阻器。接下来将利用有源磁控忆阻器来研究混沌电路实现。

基于有源磁控忆阻器和经典蔡氏电路，通过利用忆阻器替换蔡氏二极管组件，Muthuswamy[17]在 2010 年提出了一种基于有源磁控忆阻器的混沌电路，基于图 5.1，其混沌电路图如图 6.1 所示。

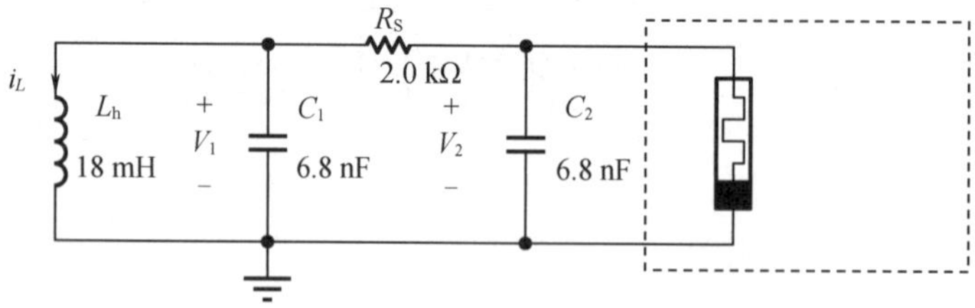

图 6.1　基于磁控忆阻器的混沌电路图

图 6.1 中的虚线框代表磁控忆阻器模型，由模拟电路实现，如图 6.2 所示。

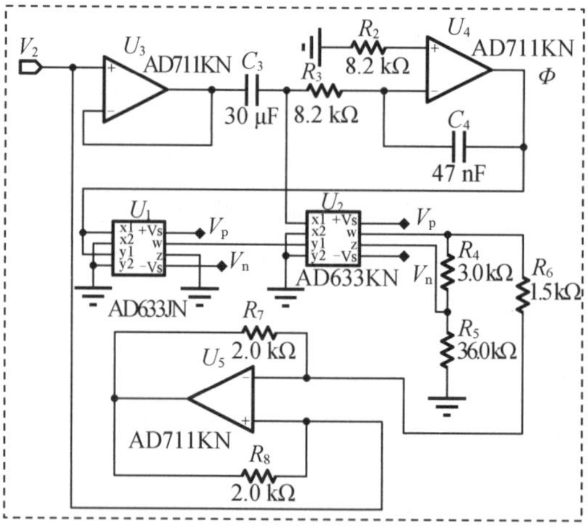

图 6.2　磁控忆阻器电路图

由图 6.2 可知，忆阻器电路的实现主要利用乘法器组件(AD633JN)和运放芯片(AD711KN)来完成。利用基尔霍夫电流定律，图 6.1、图 6.2 的混沌电路模型可表示为

$$
\begin{cases}
\dfrac{\mathrm{d}V_2(t)}{\mathrm{d}t}=\dfrac{1}{C_2}\left\{\dfrac{V_1(t)-V_2(t)}{R_s}-W[\Phi(t)]V_2(t)\right\} \\
\dfrac{\mathrm{d}\Phi(t)}{\mathrm{d}t}=\dfrac{-V_2(t)}{R_3C_4} \\
\dfrac{\mathrm{d}i_L(t)}{\mathrm{d}t}=\dfrac{V_1(t)}{L_?} \\
\dfrac{\mathrm{d}V_1(t)}{\mathrm{d}t}=\dfrac{1}{C_1}\left[\dfrac{V_2(t)-V_1(t)}{R_s}-i_L(t)\right]
\end{cases}
\tag{6.2}
$$

其中，Φ 代表 U_4 的输出值，参考文献[17]中的忆阻器的 $I-V$ 关系。$W[\Phi(t)]$ 可以得到

$$
W[\Phi(t)]=-\frac{1}{R_6}+\Phi^2\left(\frac{R_4+R_5}{100\cdot R_4\cdot R_6}\right)
\tag{6.3}
$$

由图 6.1、图 6.2 可知，通过忆阻器的电流为

$$
i_m=-\frac{V_2}{R_6}+\Phi^2\left(\frac{R_4+R_5}{100\cdot R_4\cdot R_6}\right)V_2
\tag{6.4}
$$

其中，$\mathrm{d}\Phi=\dfrac{-V_2}{R_3C_4}\mathrm{d}t$。

根据式(6.1)，流经忆阻器的电流可表示为

$$
i_m=W(\Phi)V_2=(\alpha+3\beta\Phi^2)V_2
\tag{6.5}
$$

因此，三次型忆阻器的参数可以表示为

$$
\begin{cases}
\alpha=-\dfrac{1}{R_6} \\
\beta=\dfrac{1}{3}\left(\dfrac{R_4+R_5}{100\cdot R_4\cdot R_6}\right)
\end{cases}
\tag{6.6}
$$

为研究忆阻器的非线性特性对混沌系统的影响，对忆阻器的 $I-V$ 曲线进行电路仿真。当频率为 1 kHz 的 3 V 正弦信号单独作用于图 6.2 的三次型忆阻器时，可以观察到忆阻器的 $I-V$ 曲线如图 6.3 所示。

由图 6.3 可知，三次型忆阻器的 $I-V$ 曲线表现出了斜 8 字形特征，表示忆阻器的阻值不是定常数，而是变化的，其与输入电压值、电流方向和通电时长有关。也就是说忆阻器阻值的大小与流经它的电荷数量有关，且在失去外加电场的情况下，忆阻器可保持上一状态时的阻值，故它具有记忆特性，且忆阻器初始值的不同将直接导致系统非线性函数的变化，进而产生不同的混沌行为。

为进一步验证式(6.2)可以产生混沌行为，对图 6.1、图 6.2 进行电路实验，基于忆阻器混沌电路的 V_2-V_1 和 $\Phi-V_1$ 的 Multisim 的仿真结果如图 6.4 所示，其相应的硬件电路结果如图 6.5 所示。通过比较图 6.4 和图 6.5 可知，测量结果均在测量仪器正

常范围内,其电路仿真结果和硬件电路结果保持一致,且可以清晰地观测到双涡漩混沌吸引子结构。

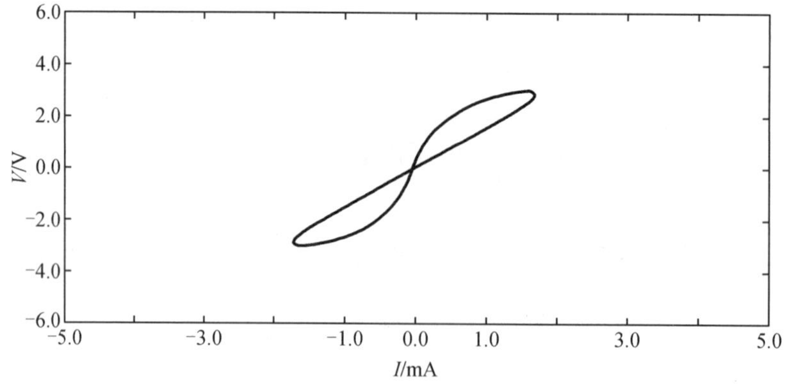

图 6.3　忆阻器的 I–V 曲线

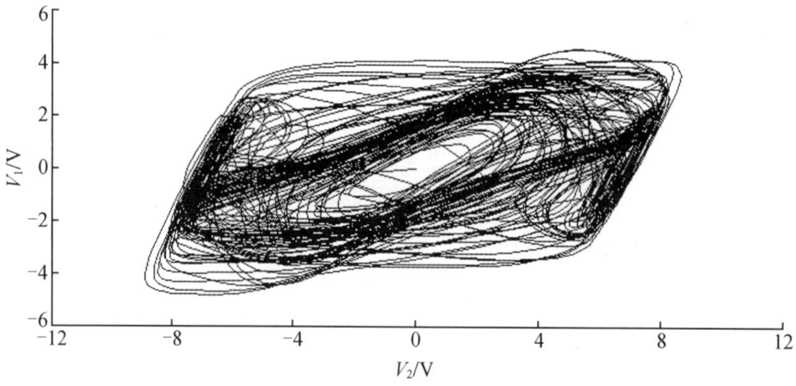

(a) V_2-V_1

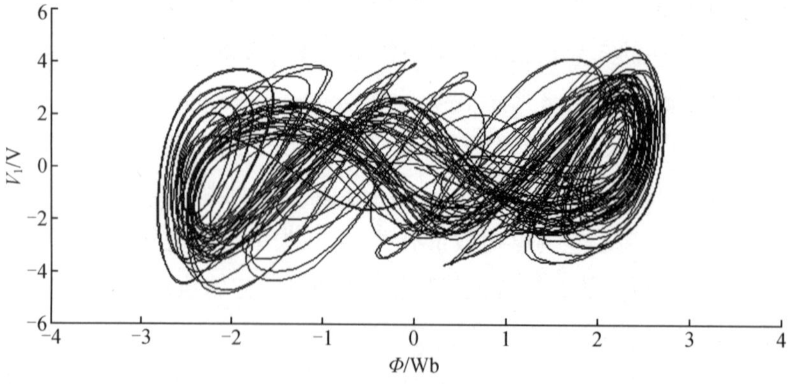

(b) $\Phi-V_1$

图 6.4　基于忆阻器混沌电路的 Multisim 的仿真结果

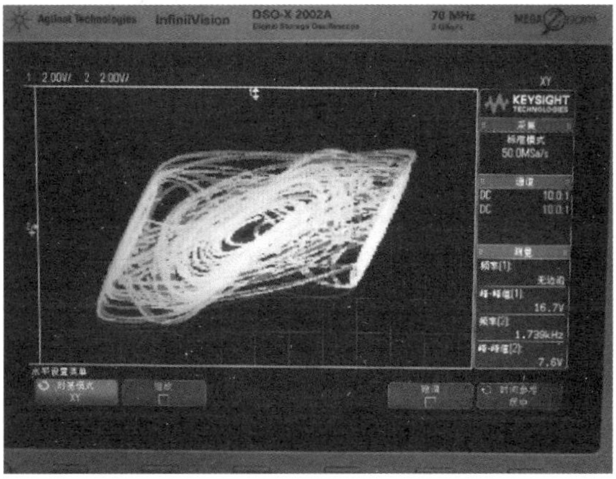

(a) V_2-V_1

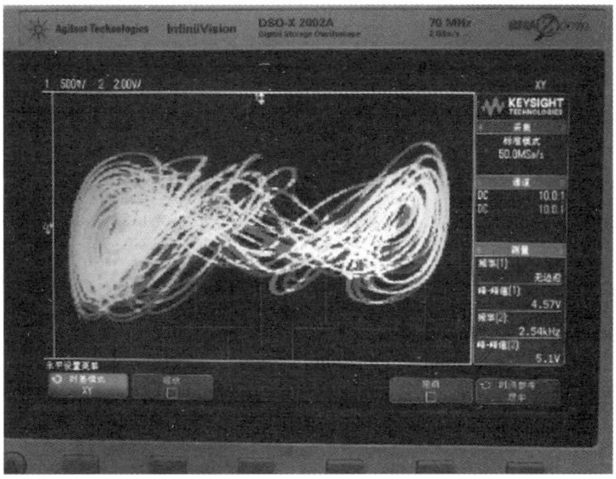

(b) $\Phi-V_1$

图 6.5　基于忆阻器混沌电路的硬件电路结果

6.3　一种忆阻器混沌同步控制电路的硬件实现

6.3.1　忆阻器混沌电路同步控制器实现

在本小节中,主要目的是通过电路来实现基于忆阻器混沌同步控制电路实验,其相关电路系统参数如图 6.1、图 6.2 所示。基于第 5 章混沌驱动系统(5.7)和响应系统(5.8),方便起见,令 $x_1=V_2$,$y_1=\Phi$,$z_1=i_L$,$w_1=V_1$,$a_1=1/C_2$,$a_2=1/C_1$,$a_3=1/R_s$,$a_4=1/L_h$,$a_5=1/R_3C_4$,那么式(6.2)可重写为

$$\begin{cases}\dot{x}_1=a_1a_3(w_1-x_1)-a_1\alpha x_1-3a_1\beta x_1y_1^2\\\dot{y}_1=-a_5x_1\\\dot{z}_1=a_4w_1\\\dot{w}_1=a_2a_3(x_1-w_1)-a_2z_1\end{cases}\tag{6.7}$$

将式(6.7)作为驱动系统,则响应系统可构造为

$$\begin{cases}\dot{x}_2=a_1a_3(w_2-x_2)-a_1\alpha x_2-3a_1\beta x_2y_2^2+u\\\dot{y}_2=-a_5x_2\\\dot{z}_2=a_4w_2\\\dot{w}_2=a_2a_3(x_2-w_2)-a_2z_2\end{cases}\tag{6.8}$$

那么式(6.8)减式(6.7)可得误差系统为

$$\begin{cases}\dot{e}_1=a_1a_3(e_4-e_1)-a_1\alpha e_1-3a_1\beta(x_2y_2^2-x_1y_1^2)+u\\\dot{e}_2=-a_5e_1\\\dot{e}_3=a_4e_4\\\dot{e}_4=a_2a_3(e_1-e_4)-a_2e_3\end{cases}\tag{6.9}$$

同理于控制器(5.10),提出的单一输入控制器表达式为

$$u=-\mu_1e_1-\mu_2e_2+\varepsilon\tag{6.10}$$

其中,$\mu_1=a_1a_3$;$\mu_2=-a_1a_3$;$\varepsilon=-a_1a_3e_4+3a_1\beta(x_2y_2^2-x_1y_1^2)$。

接下来,设计的驱动系统(6.7)和响应系统(6.8)的电路图如图6.6和图6.7所示。由图6.6、图6.7可知

$$\begin{cases}V_{\text{out}}=\dfrac{R_4+R_5}{100R_4}x_1y_1^2\\V_{\text{\_out}}=\dfrac{R_{12}+R_{13}}{100R_{12}}x_2y_2^2\end{cases}\tag{6.11}$$

其中,$R_4=R_{12}=3\ \text{k}\Omega$;$R_5=R_{13}=36\ \text{k}\Omega$。

结合系统(6.8),图6.7中的状态变量 x_2 可以重写为

$$\dot{x}_2=\frac{1}{C_6}\left[\frac{w_2-x_2}{R_9}-(\alpha+3\beta y_2^2)x_2\right]+u\tag{6.12}$$

其中,$u=-a_1a_3e_1+a_1a_3e_2-a_1a_3e_4+3a_1\beta(x_2y_2^2-x_1y_1^2)$。

这样,设计的同步控制电路如图6.8所示,该电路通过电阻 R_{33} 连接到图6.7中的 x_2。首先假设电阻 R_{33} 右端的电压为 u',那么根据电路理论,图6.7中电容器 C_6 两端的电压为

$$\dot{x}_2=\frac{1}{C_6}\left[\frac{w_2-x_2}{R_9}-(\alpha+3\beta y_2^2)x_2+\frac{u'-x_2}{R_{33}}\right]\tag{6.13}$$

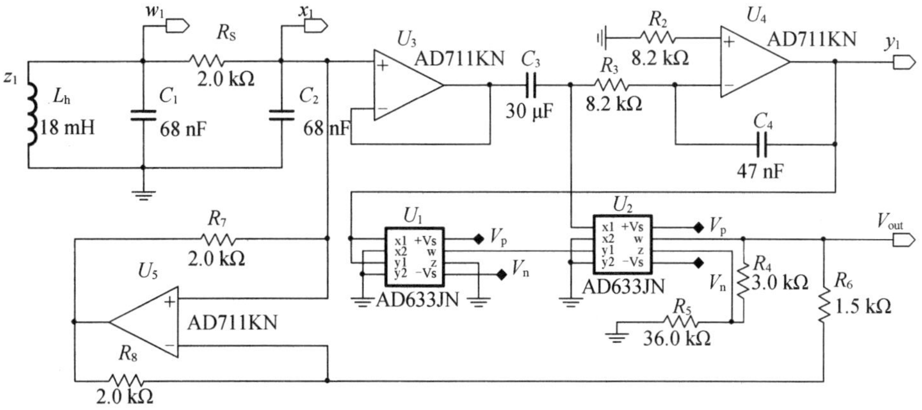

图 6.6　基于忆阻器的驱动系统(6.7)的电路图

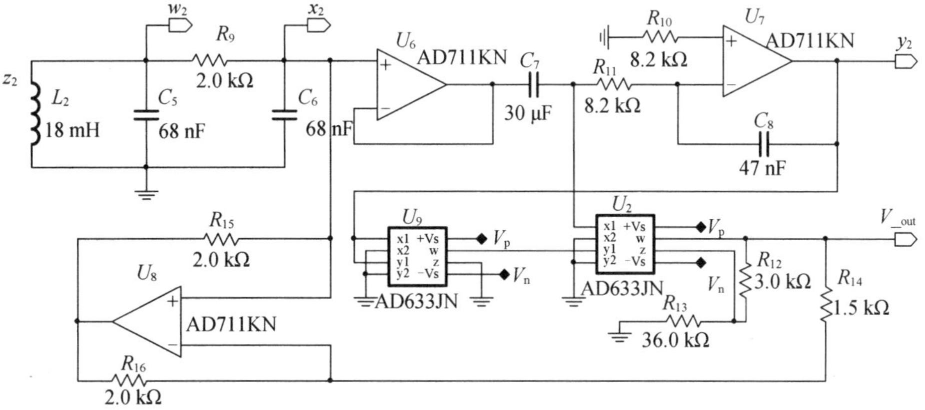

图 6.7　基于忆阻器的响应系统(6.8)的电路图

比较式(6.12)和式(6.13)可知

$$u=\frac{u'-x_2}{R_{33}C_6}=-a_1a_3e_1+a_1a_3e_2-a_1a_3e_4+3a_1\beta(x_2y_2^2-x_1y_1^2) \tag{6.14}$$

其中,$\beta=\frac{1}{3}\left(\frac{R_{12}+R_{13}}{100\cdot R_{12}\cdot R_{14}}\right)$;$a_1=\frac{1}{C_6}$;$a_3=\frac{1}{R_9}$。

由于 $R_9=R_{33}$,式(6.14)可写为

$$u'=-e_1+e_2-e_4+x_2+\frac{R_9}{R_{14}}\left(\frac{R_{12}+R_{13}}{100R_{12}}\right)(x_2y_2^2-x_1y_1^2) \tag{6.15}$$

6.3.2　忆阻器混沌同步电路测试

在本小节中,设计的同步控制电路如图 6.8 所示,该控制器可以实现误差系统(6.9)的收敛。其中在控制器电路的作用下,误差系统(6.9)的 Multisim 同步仿真结

果如图 6.9 所示。由图 6.9 可知，误差系统状态 e_1、e_2 可以较快地收敛，且误差状态 e_3、e_4 的曲线也可以稳定到原点。因此，Multisim 同步仿真结果验证了所提出的同步控制器的可行性。

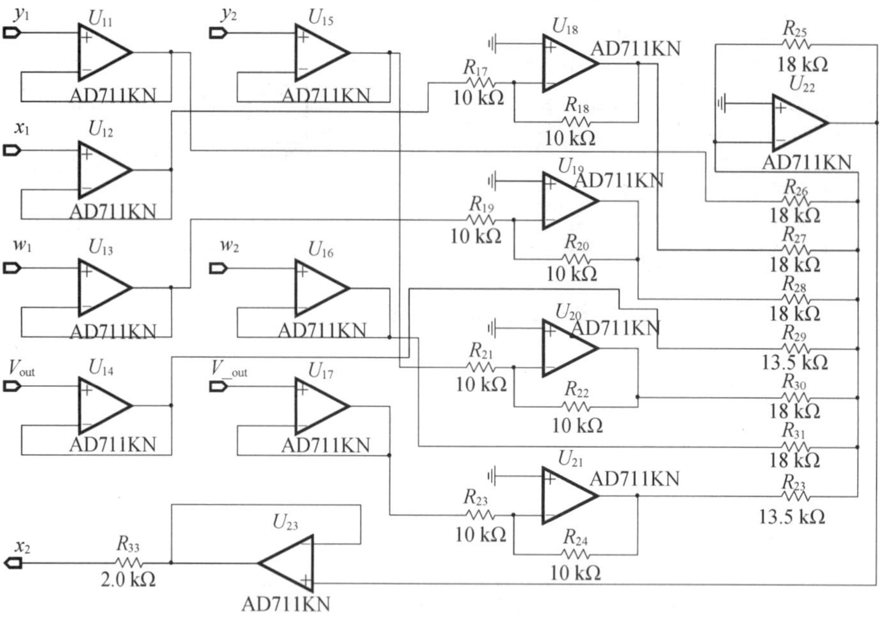

图 6.8　同步控制器的电路图

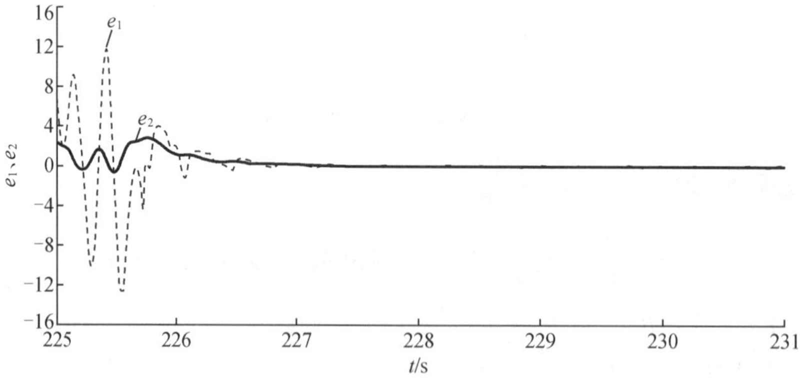

(a) 误差状态 e_1、e_2

图 6.9　Multisim 同步仿真结果

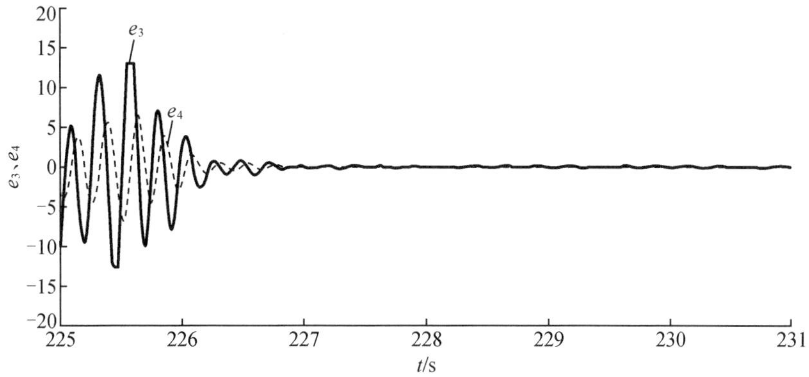

(b) 误差状态e_3、e_4

图 6.9(续)

在基于忆阻器的混沌同步的 Multisim 仿真之后,图 6.6 至图 6.8 可以由实际硬件电路实现。为了直观地观测和比较在添加同步控制器之前和之后的结果,在无同步控制器的作用下的相应曲线($x_1(t)$,$x_2(t)$)、($y_1(t)$,$y_2(t)$)和($w_1(t)$,$w_2(t)$)如图 6.10(a)(c)(e)所示,以及在有同步控制器的作用下的相应曲线($x_1(t)$,$x_2(t)$)、($y_1(t)$,$y_2(t)$)和($w_1(t)$,$w_2(t)$)如图 6.10(b)(d)(f)所示。另外,在添加控制器前后,相平面 x_1-x_2 的结果分别如图 6.11(a)(b)所示。

由图 6.9 和图 6.10 可知,基于忆阻器混沌同步的 Multisim 电路仿真结果和硬件电路实验结果是一致的。

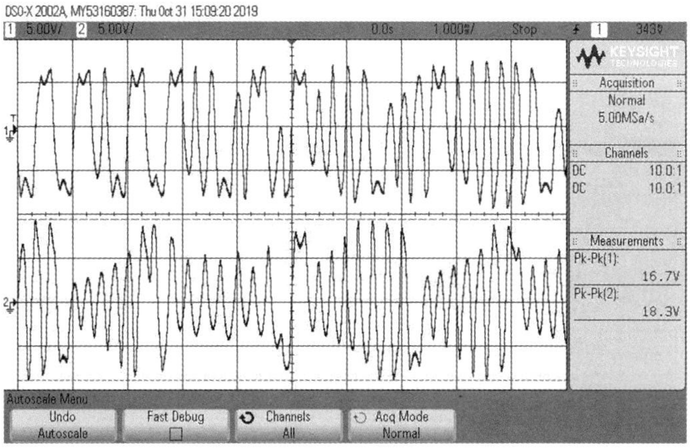

(a) 添加同步控制器之前的($x_1(t)$,$x_2(t)$)结果

图 6.10　($x_1(t)$,$x_2(t)$)、($y_1(t)$,$y_2(t)$)和($w_1(t)$,$w_2(t)$)的硬件电路实验结果

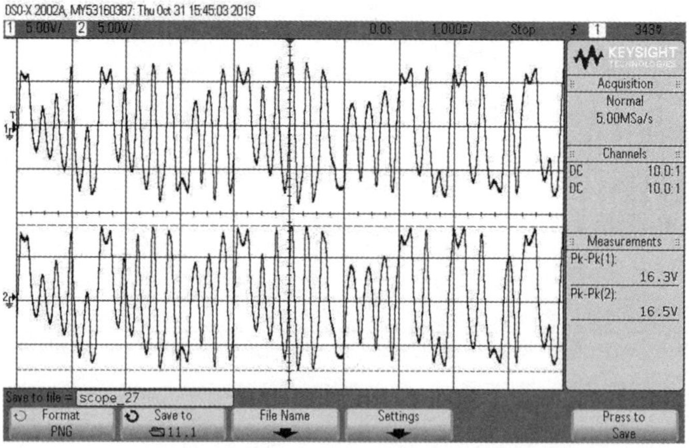

(b) 添加同步控制器之后的$(x_1(t), x_2(t))$结果

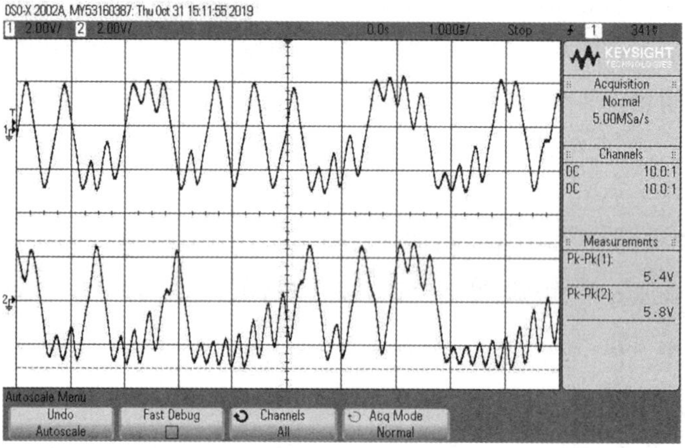

(c) 添加同步控制器之前的$(y_1(t), y_2(t))$结果

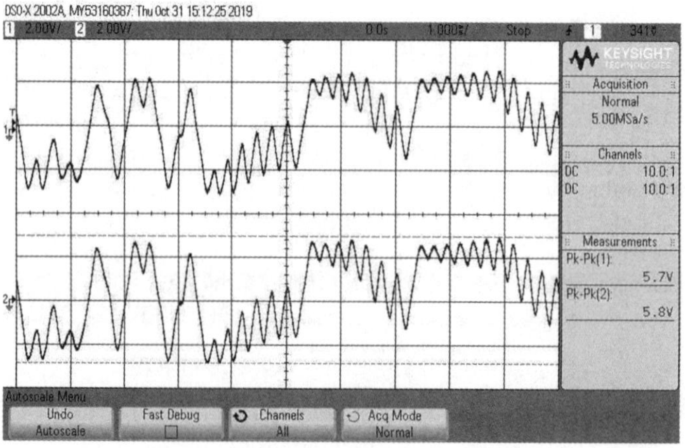

(d) 添加同步控制器之后的$(y_1(t), y_2(t))$结果

图 6.10(续)

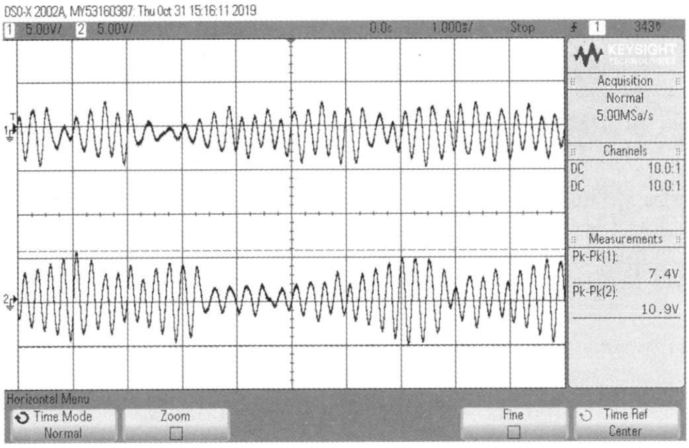

(e) 添加同步控制器之前的 $(w_1(t), w_2(t))$ 结果

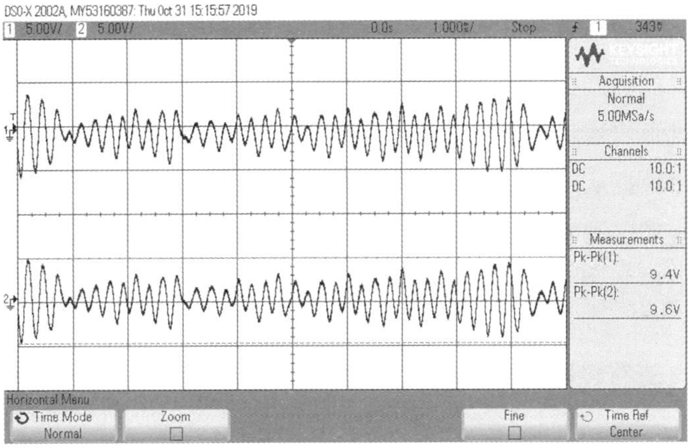

(f) 添加同步控制器之后的 $(w_1(t), w_2(t))$ 结果

图 6.10（续）

从图 6.11(b) 中可以直观地观测到混沌电路同步后的 x_1-x_2 相平面呈现斜“1”字形，但存在不均匀特性，可以通过调整示波器横纵坐标精度以清晰地观测到同步误差。出现这一情况，可以推断上述误差受电路元器件精度以及电路时滞特性影响。同时，通过对比分析同步控制器作用前后的电路状态曲线，发现在同步控制器的持续作用下，曲线 $(x_1(t), x_2(t))$、$(y_1(t), y_2(t))$ 和 $(w_1(t), w_2(t))$ 可以较好地保持同步状态，一旦断开同步控制器电路，系统状态曲线的同步状态会逐渐消失，表明系统的同步存在微量的误差；再一次接通同步控制器电路，电路曲线又可以很快地恢复到之前的同步状态。这一现象表明设计的控制器可以使任意状态下的系统电路曲线到达同步状态。

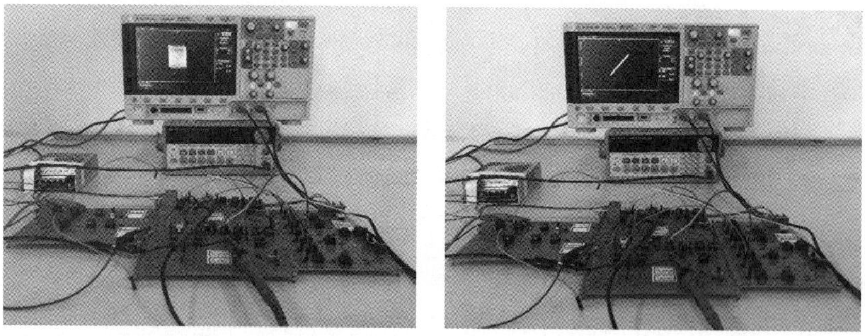

(a) 添加控制器之前的相图　　(b) 添加控制器之后的相图

图 6.11　添加控制器前后的相平面x_1-x_2

6.3.3　一种基于忆阻器混沌同步电路的信号保密通信实验

由于网络中信息传输的安全性要求，迫切需要加强对传输数据的保护，这已经引起了科学工作者的高度重视，特别是在基于混沌同步的安全通信领域。

以下工作进一步展示了一种基于混沌同步电路实验的安全通信方案。利用混沌同步掩盖方案将数据从发送方传输到接收方，图 6.12 描述了加密和解密电路的实现。由图 6.12 可知，式(6.7)中的信号 w_1 被选作载波信号，用于调制待加密的消息信号 $m=0.8\sin(400\pi t)$，即加密后的信号 $c=-\left(\frac{m}{R_{34}}+\frac{w_1}{R_{35}}\right)R_{36}$。在接收方，在式(6.8)中利用 w_2 对加密信号 c 进行解调，输出信号可以由滤波电路滤波以还原消息信号 m，即还原后的信号 $r=-\left(\frac{c}{R_{37}}+\frac{w_2}{R_{38}}\right)R_{39}$。

因此，加密信号和原始信号如图 6.13(a)所示，而相应的解密信号和原始信号如图 6.13(b)所示。由图 6.13 可知，所发送的消息信号 c 仍然保持混沌，并且当硬件电路实现同步后可以恢复原始信号。实验结果证明了基于忆阻器混沌同步电路的信号保密通信的可行性。

比较分析图 6.13(a)(b)，在发送方，基于混沌电路实现的加密消息信号类似于噪声信号，不易被察觉，可以应用于安全通信领域。在接收方，通过示波器，可以观测到基于忆阻器混沌同步电路还原的信号波形叠加了很多毛刺，这是由电路的高频噪声引起的，故我们在接收电路部分，添加了高频滤波电路，可以较好地还原原始信号波形。

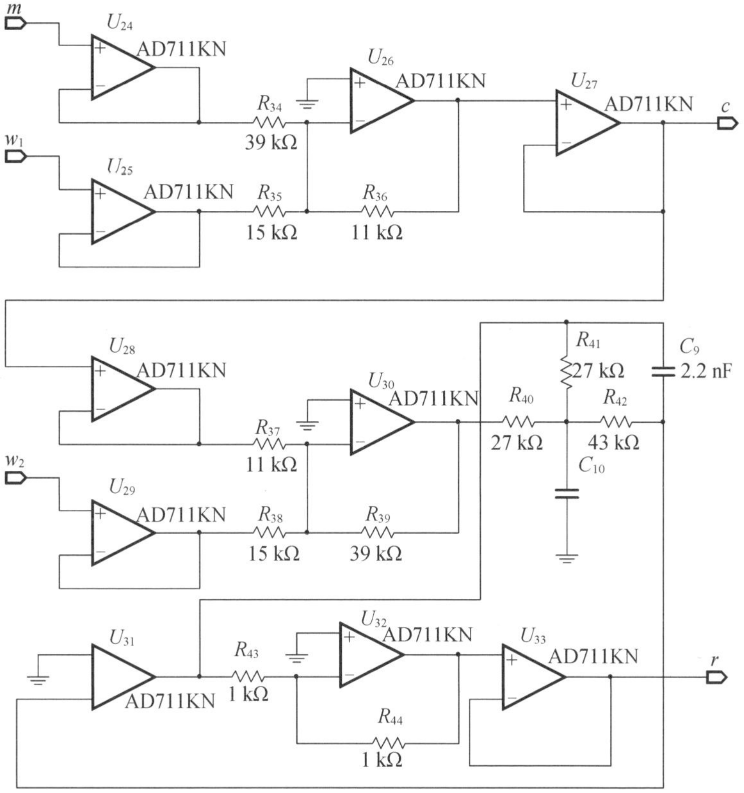

图 6.12　基于忆阻器混沌同步电路的加密和解密电路图

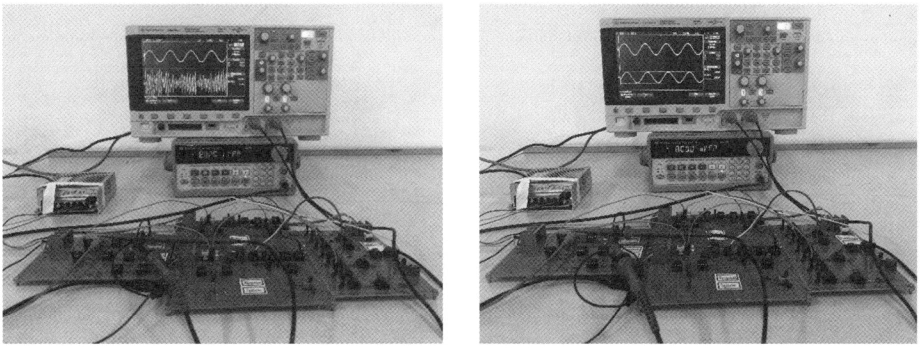

(a) 原始信号(上)和加密信号 (下)　　(b) 原始信号(上)和解密信号(下)

图 6.13　基于忆阻器混沌同步电路的安全通信

6.4 本章小结

本章讨论了基于忆阻器混沌同步控制电路实验及其安全通信。与常规的多控制器输入方法不同,本章设计了一种单反馈控制器方案,可以更容易地实现控制器的硬件电路。通过电路实验可知,基于忆阻器混沌同步控制的实际硬件电路结果与电路仿真结果是一致的。最后讨论了基于忆阻器混沌同步电路的安全通信方案的可行性,为保密通信应用提供更多的技术选择。将来,我们将进一步优化同步控制器的结构,更高效地完成基于忆阻器混沌同步的电路实现。

第7章 总结和展望

7.1 总　　结

本书主要从事混沌同步控制方面的研究，将非线性动力学系统与控制理论相结合，利用无源控制方法和滑模控制方法，对比分析了异阶 Rabinovich 系统的同步控制。考虑到未知参数和不确定性对混沌同步的影响，利用自适应控制方法和终端滑模控制方法讨论了异阶混沌系统的有限时间同步控制。针对多混沌系统的同步，设计了超螺旋观测器算法来估计系统中不确定项的真实值，并讨论了两种多混沌系统的有限时间同步控制，将多混沌系统的传递混沌同步应用到信号掩盖加密中。同时，提出了单一反馈控制器以实现基于忆阻器混沌系统的同步控制，并利用基于忆阻器混沌系统同步实现了彩色图像的保密通信。最后，基于忆阻器混沌电路，设计了同步控制器电路，完成了混沌同步从数值仿真到电路实现的跨越，并将基于忆阻器混沌同步电路应用到了信号保密通信中。本书得到了如下主要结论：

(1)针对一种异阶 Rabinovich 系统的同步控制问题，给出了 Rabinovich 系统与超混沌 Rabinovich 系统的三维相图。基于最小相位系统理论，利用无源控制方法设计了渐进同步控制器，实现异阶 Rabinovich 系统的混沌同步控制，从而保证了系统的全局渐进稳定性。同时，基于滑模控制理论，设计了基于趋近率的滑模控制器，实现了异阶 Rabinovich 系统同步误差系统状态轨迹的收敛。

(2)讨论了在系统未知参数和不确定性的干扰下，利用自适应有限时间控制器实现异阶混沌系统的降阶同步控制。其中，假设系统模型的不确定性和外界干扰存在且有界，基于自适应律方法，设计了自适应有限时间控制器以保证系统状态轨迹的有限时间收敛，并利用李雅普诺夫方法证明了所提出的控制器的有效性。

(3)进一步讨论了异阶混沌系统的升阶同步控制，考虑到未知参数和控制器的非线性输入对混沌同步的影响，以及滑模控制器对系统内部不确定项和外部干扰具有鲁棒性，提出了终端积分滑模控制器，该控制器摒除了原有的传统滑模控制器不能保证系统在有限时间内收敛的缺陷,进而确保系统的状态轨迹能够在有限时间内沿着滑模面到达零点。通过设计自适应律来估计系统的未知参数,保证参数可以收敛到固定值。同时,基于有限时间控制理论,设计了有限时间控制器以保证系统状态轨迹可以在有限时间内到达滑模面。

(4)针对不确定性多混沌系统的投影同步控制,建立了一对多混沌同步和传递混沌同步两种同步模式。为了准确估计系统中不确定项的值,设计了超螺旋观测器来估计不确定项,同时为了保证系统的有限时间收敛,基于李雅普诺夫理论和有限时间理论,提出了有限时间控制器,实现了两种多混沌系统同步误差系统的稳定。利用多混沌系统的传递同步,将混沌同步应用到信号加密传输中,增强了信号保密通信的安全性。

(5)讨论了基于忆阻器混沌系统的同步控制,忆阻器作为非线性元器件代替蔡氏电路中的蔡式二极管,实现了基于忆阻器的混沌系统,除了简单的变量耦合同步控制方法外,提出了单一反馈控制器。利用最小相位系统理论和劳思-赫尔维茨稳定判据,得到了基于单一反馈控制器的忆阻器混沌同步的一个充分条件。此外,将忆阻器混沌同步应用到了彩色图像保密通信中,并使用了 DNA 编码技术,对图像加密信息做进一步变换,增强了图像保密通信的安全性。

(6)进一步讨论了基于忆阻器混沌同步控制电路实验,利用 Multisim 仿真软件实现了基于忆阻器混沌同步电路的仿真,并利用硬件电路实验进一步验证了该混沌同步电路的可行性。利用基于混沌同步电路的信号保密通信实验,证明了基于混沌同步电路保密通信的有效性。

本书的创新主要可以概况为以下几点:

(1)将无源控制和滑模控制进行对比分析,利用异阶 Rabinovich 系统同步仿真实验来演示两种控制方法的优劣性。同时,对于异阶混沌同步系统的研究,提出了有限时间控制器,保证混沌同步误差系统的有限时间收敛。同时,充分考虑了系统中未知参数、模型不确定、外界干扰和控制器非线性输入等因素对混沌同步的影响,增强了控制系统的鲁棒性。

(2)提出了两种多混沌同步控制方案,利用超螺旋观测器算法,可以准确识别系统中不确定项的真实值。同时,利用有限时间理论,提出了有限时间控制器,实现了多混沌系统同步控制,并将传递混沌同步应用到了信号保密通信中。

(3)提出了单一反馈控制器,实现了基于忆阻器混沌系统的同步控制,并将同步控制应用到了彩色图像保密通信中。为了增强加密图像的抗破译能力,利用 DNA 编码技术增强了图像安全传输能力。同时,研究了基于忆阻器混沌同步控制电路设计,并实现了基于混沌同步控制电路的信号保密通信应用。

7.2 展　　望

由于混沌同步控制技术已经很成熟,相关成果也很多,本书基于混沌同步控制只取得了一点研究成果,但因研究时间的限制,还有一些不完善的地方需要改进,同时还有一些新的问题需要后期解决,今后将从以下方面深入研究:

(1)当前,针对混沌系统同步研究只进行到了多混沌系统的有限时间同步控制,对当前流行的分数阶混沌系统和复数混沌系统,本书还没有深入研究。当前,混沌系统的模拟电路实现以及数字DSP/FPGA实现正在如火如荼进行中,以及各种同步控制器的陆续提出,使得混沌系统同步在数值仿真上已经很成熟,但在同步控制电路实现上还存在一定的距离,下一步的工作将重点研究基于电路实现的混沌同步控制实验,这将有助于基于混沌同步电路的数字图像等安全通信应用的发展。

(2)在基于忆阻器的混沌同步研究中,当前只研究了基于三次型忆阻器混沌系统的同步电路实验,对更复杂的基于双曲函数以及多忆阻器混沌系统暂时没有涉及,由于这些混沌系统可以表现出更复杂的随机动态行为,研究这些忆阻器混沌系统将有助于工业领域的应用。

(3)本书中利用了多种同步方法来研究混沌同步,同时相关文献已经提出了很多其他的方法来实现混沌同步,但是很少有文献讨论具体哪一种方法更适合混沌同步,下一步工作也将对比分析各种同步控制器在混沌同步实验中的效果。

(4)在保密通信应用领域,没有考虑外界环境因素对混沌同步实验造成的影响,进而影响了基于混沌同步的保密通信的质量。由于在实际信号传输中,避免不了外界环境因素造成的传输信号失真,因此考虑外界干扰对信号失真造成的影响,将有助于混沌应用的发展。

参考文献

[1] LORENZ E N. Deterministic nonperiodic flow[J]. Journal of the Atmospheric Sciences, 1963, 20(2): 130-141.

[2] RUELLE D, TAKENS F. On the nature of turbulence[J]. Communications in Mathematical Physics, 1971,20(3): 167-192.

[3] LI T Y, YORKE J A. Period three implies chaos[J]. The American Mathematical Monthly, 1975, 82(10): 985-992.

[4] MAY R M. Simple mathematical models with very complicated dynamics[J]. Nature, 1976, 261: 459-467.

[5] RÖSSLER O E. An equation for continuous chaos[J]. Physics Letters A, 1976, 57(5): 397-398.

[6] PIKOVSKIĬ A S , RABINOVICH M I,TRAKHTENGERTS V Y. Onset of stochasticity in decay confinement of parametric instability[J]. Journal of Experimental & Theoretical Physics, 1978, 47(4): 715.

[7] ITO K. Chaos in the Rikitake two-disc dynamo system[J]. Earth & Planetary Science Letters, 1980, 51(2): 451-456.

[8] CHUA L,KOMURO M,MATSUMOTO T. The double scroll family[J]. IEEE Transactions on Circuits and Systems, 1986, 33(11): 1072-1118.

[9] CHEN G R, UETA T. Yet another chaotic attractor[J]. International Journal of Bifurcation and Chaos, 1999, 9(7): 1465-1466.

[10] LÜ J H, CHEN G R. A new chaotic attractor coined[J]. International Journal of Bifurcation and Chaos, 2002, 12(3): 659-661.

[11] LÜ J H, CHEN G R, CHENG D Z, et al. Bridge the gap between the Lorenz system and the Chen system[J]. International Journal of Bifurcation & Chaos, 2002, 12(12): 2917-2926.

[12] LIU C X, LIU T, LIU L, et al. A new chaotic attractor[J]. Chaos, Solitons & Fractals, 2004, 22(5): 1031-1038.

[13] RÖSSLER O E. An equation for hyperchaos[J]. Physics Letters A, 1979, 71(2/3): 155-157.

[14] BARBOZA R. Dynamics of a hyperchaotic Lorenz system[J]. International Journal of Bifurcation & Chaos, 2007, 17(12): 4285-4294.

[15] CHEN A M, LU J N, LÜ J H, et al. Generating hyperchaotic Lü attractor via state feedback control[J]. Physica A: Statistical Mechanics & Its Applications, 2006, 364: 103-110.

[16] LIU Y J, YANG Q G, PANG G P. A hyperchaotic system from the Rabinovich system[J]. Journal of Computational and Applied Mathematics, 2010, 234(1): 101-113.

[17] MUTHUSWAMY B. Implementing memristor based chaotic circuits[J]. International Journal of Bifurcation and Chaos, 2010, 20(5): 1335-1350.

[18] MUTHUSWAMY B, CHUA L O. Simplest chaotic circuit[J]. International Journal of Bifurcation and Chaos, 2010, 20(5): 1567-1580.

[19] 包伯成, 刘中, 许建平. 忆阻混沌振荡器的动力学分析[J]. 物理学报, 2010, 59(6):3785-3793.

[20] 包伯成, 史国栋, 许建平, 等. 含两个忆阻器混沌电路的动力学分析[J]. 中国科学: 技术科学, 2011, 41(8): 1135-1142.

[21] STRUKOV D B, SNIDER G S, STEWART D R, et al. The missing memristor found[J]. Nature, 2008, 453: 80-83.

[22] ITOH M, CHUA L O. Memristor oscillators[J]. International Journal of Bifurcation and Chaos, 2008, 18(11): 3183-3206.

[23] SUN J W, SHEN Y, YIN Q, et al. Compound synchronization of four memristor chaotic oscillator systems and secure communication[J]. Chaos, 2013, 23(1): 013140.

[24] SUN J W, ZHAO X T, FANG J, et al. Autonomous memristor chaotic systems of infinite chaotic attractors and circuitry realization[J]. Nonlinear Dynamics, 2018, 94(4): 2879-2887.

[25] WANG B, ZOU F C, CHENG J. A memristor-based chaotic system and its application in image encryption[J]. Optik, 2018, 154: 538-544.

[26] VASEGHI B, ALI POURMINA M, MOBAYEN S. Secure communication in wireless sensor networks based on chaos synchronization using adaptive sliding mode control[J]. Nonlinear Dynamics, 2017, 89(3): 1689-1704.

[27] PECORA L M, CARROLL T L. Synchronization in chaotic systems[J]. Physical

Review Letters, 1990, 64(8):821-824.

[28] ZHANG J X, TANG W S. Control and synchronization for a class of new chaotic systems via linear feedback[J]. Nonlinear Dynamics, 2009, 58(4): 675-686.

[29] LORÍA A. Master-slave synchronization of fourth-order Lü chaotic oscillators via linear output feedback[J]. IEEE Transactions on Circuits and Systems II: Express Briefs, 2010, 57(3): 213-217.

[30] EFFA J Y, ESSIMBI B Z, MUCHO NGUNDAM J. Synchronization of improved chaotic Colpitts oscillators using nonlinear feedback control[J]. Nonlinear Dynamics, 2009, 58(1): 39-47.

[31] PARK J H. Adaptive control for modified projective synchronization of a four-dimensional chaotic system with uncertain parameters[J]. Journal of Computational and Applied Mathematics, 2008, 213(1): 288-293.

[32] HAMIDZADEH S M, ESMAELZADEH R. Control and synchronization chaotic satellite using active control[J]. International Journal of Computer Applications, 2014, 94(10): 29-33.

[33] WU X J, LIU J S, CHEN G R. Chaos synchronization of Rikitake chaotic attractor using the passive control technique[J]. Nonlinear Dynamics, 2008, 53(1): 45-53.

[34] KOCAMAZ U E, UYAROGLU Y. Synchronization of Vilnius chaotic oscillators with active and passive control[J]. Journal of Circuits, Systems and Computers, 2014, 23(7): 1450103.

[35] KOCAMAZ U E, GÖKSU A, TAŞKıN H, et al. Synchronization of Chaos in nonlinear finance system by means of sliding mode and passive control methods: A comparative study[J]. Information Technology And Control, 2015, 44(2): 172-181.

[36] YAN J J, YANG Y S, CHIANG T Y, et al. Robust synchronization of unified chaotic systems via sliding mode control[J]. Chaos, Solitons & Fractals, 2007, 34(3): 947-954.

[37] MONDAL A, ISLAM M, ISLAM N. Robust antisynchronization of chaos using sliding mode control strategy[J]. Pramana, 2015, 84(1): 47-67.

[38] LAM H K, GANI M. Chaotic synchronization using fuzzy control approach[J]. International Journal of Fuzzy Systems, 2007, 9(2): 116-121.

[39] KUNTANAPREEDA S, SANGPET T. Synchronization of chaotic systems with unknown parameters using adaptive passivity-based control[J]. Journal of the Franklin Institute, 2012, 349(8): 2547-2569.

[40] CHEN X R, LIU C X. Passive control on a unified chaotic system[J]. Nonlinear Analysis: Real World Applications, 2010, 11(2): 683-687.

[41] WANG H, HAN Z Z, ZHANG W, et al. Synchronization of unified chaotic systems with uncertain parameters based on the CLF[J]. Nonlinear Analysis: Real World Applications, 2009, 10(2): 715-722.

[42] YU YG, ZHANG S C. Adaptive backstepping synchronization of uncertain chaotic system[J]. Chaos, Solitons & Fractals, 2004, 21(3): 643-649.

[43] OJO K S, NJAH A N, OLUSOLA O I, et al. Generalized reduced-order hybrid combination synchronization of three Josephson junctions via backstepping technique [J]. Nonlinear Dynamics, 2014, 77(3): 583-595.

[44] HO M C, HUNG Y C, LIU Z Y, et al. Reduced-order synchronization of chaotic systems with parameters unknown[J]. Physics Letters A, 2006, 348(3/4/5/6): 251-259.

[45] WU Z Y, FU X C. Combination synchronization of three different order nonlinear systems using active backstepping design[J]. Nonlinear Dynamics, 2013, 73(3): 1863-1872.

[46] AL-SAWALHA M M, NOORANI M S M. Adaptive reduced-order anti-synchronization of chaotic systems with fully unknown parameters[J]. Communications in Nonlinear Science and Numerical Simulation, 2010, 15(10): 3022-3034.

[47] BOWONG S. Stability analysis for the synchronization of chaotic systems with different order: Application to secure communications[J]. Physics Letters A, 2004, 326(1/2): 102-113.

[48] LIANG H T, WANG Z, YUE Z M, et al. Generalized synchronization and control for incommensurate fractional unified chaotic system and applications in secure communication[J]. Kybernetika, 2012, 48(2): 190-205.

[49] LUO R Z, WANG Y L. Finite-time stochastic combination synchronization of three different chaotic systems and its application in secure communication[J]. Chaos, 2012, 22(2): 023109.

[50] 牛弘. 混沌及超混沌系统的分析、控制、同步与电路实现[D]. 天津: 天津大学, 2014.

[51] 仓诗建, 陈增强, 袁著祉. 一个新四维非自治超混沌系统的分析与电路实现[J]. 物理学报, 2008, 57(3): 1493-1501.

[52] KILIÇ R, YILDIRIM F. A survey of Wien bridge-based chaotic oscillators: Design and experimental issues[J]. Chaos, Solitons & Fractals, 2008, 38(5): 1394-

1410.
[53] 陈关荣，吕金虎. Lorenz 系统族的动力学分析、控制与同步[M]. 北京：科学出版社，2003.
[54] YASSEN M T. Controlling chaos and synchronization for new chaotic system using linear feedback control[J]. Chaos Solitons & Fractals, 2005, 26(3): 913-920.
[55] ZHU D R, LIU C X ,YAN B N . Control and synchronization of a hyperchaotic system based on passive control[J]. Chinese Physics B, 2012, 21(9): 161-167.
[56] PISHKENARI H N, JALILI N, MAHBOOBI S H, et al. Robust adaptive backstepping control of uncertain Lorenz system[J]. Chaos, 2010, 20(2): 023105.
[57] TANAKA K, IKEDA T, WANG H O. A unified approach to controlling chaos via an LMI-based fuzzy control system design[J]. IEEE Transactions on Circuits and Systems I: Fundamental Theory and Applications, 1998, 45(10): 1021-1040.
[58] 陈式刚，王文杰，王光瑞. 储存环型自由电子激光器光场混沌的控制[J]. 物理学报，1995，44(6)：862-871.
[59] 谭文，王耀南，刘祖润，等. 非线性系统混沌运动的神经网络控制[J]. 物理学报，2002，51(11)：2463-2466.
[60] IU H H C, TSE C K. A study of synchronization in chaotic autonomous Cuk DC/DC converters[J]. IEEE Transactions on Circuitsand Systems I: Fundamental Theory and Applications, 2000, 47(6): 913-918.
[61] XIE Q X, CHEN G R, BOLLT E M. Hybrid chaos synchronization and its application in information processing[J]. Mathematical and Computer Modelling, 2002, 35(1/2): 145-163.
[62] LIAO T L, TSAI S H. Adaptive synchronization of chaotic systems and its application to secure communications[J]. Chaos, Solitons & Fractals, 2000, 11(9): 1387-1396.
[63] WU X J, WANG H, LU H T. Modified generalized projective synchronization of a new fractional-order hyperchaotic system and its application to secure communication[J]. Nonlinear Analysis: Real World Applications, 2012, 13(3): 1441-1450.
[64] LIU S T, ZHANG F F. Complex function projective synchronization of complex chaotic system and its applications in secure communication[J]. Nonlinear Dynamics, 2014, 76(2): 1087-1097.
[65] ZHU H G, ZHANG X D, YU H, et al. An image encryption algorithm based on compound homogeneous hyper-chaotic system[J]. Nonlinear Dynamics, 2017, 89

(1): 61-79.

[66] SUN J W, SHEN Y, YIN Q, et al. Compound synchronization of four memristor chaotic oscillator systems and secure communication [J]. Chaos, 2013, 23 (1): 013140.

[67] ZHANG L L, WANG Y H, WANG Q R. Adaptive fuzzy synchronization for uncertain chaotic systems with different dimensions and disturbances[J]. International Journal of Fuzzy Systems, 2015, 17(2): 309-320.

[68] XU W, YANG X L, SUN Z K. Full- and reduced-order synchronization of a class oftime-varying systems containing uncertainties[J]. Nonlinear Dynamics, 2008, 52(1): 19-25.

[69] MOTALLEBZADEH F, JAHED MOTLAGH M R, RAHMANI CHERATI Z. Synchronization of different-order chaotic systems: Adaptive active vs. optimal control [J]. Communications in Nonlinear Science and Numerical Simulation, 2012, 17 (9): 3643-3657.

[70] AHMAD I, BIN SAABAN A, IBRAHIM A B, et al. Reduced-order synchronization of time-delay chaotic systems with known and unknown parameters[J]. Optik, 2016, 127(13): 5506-5514.

[71] CAI N, LI W Q, JING Y W. Finite-time generalized synchronization of chaotic systems with different order[J]. Nonlinear Dynamics, 2011, 64(4): 385-393.

[72] ZHAO J K, WU Y, WANG Y Y. Generalized finite-time synchronization between coupled chaotic systems of different orders with unknown parameters[J]. Nonlinear Dynamics, 2013, 74(3): 479-485.

[73] AHMAD I, SHAFIQ M, BIN SAABAN A, et al. Robust finite-time global synchronization of chaotic systems with different orders[J]. Optik, 2016, 127(19): 8172-8185.

[74] LIN J, YAN J, LIAO T. Chaotic synchronization via adaptive sliding mode observers subject to input nonlinearity[J]. Chaos, Solitons & Fractals, 2005, 24(1): 371-381.

[75] KEBRIAEI H, JAVAD YAZDANPANAH M. Robust adaptive synchronization of different uncertain chaotic systems subject to input nonlinearity[J]. Communications in Nonlinear Science and Numerical Simulation, 2010, 15(2): 430-441.

[76] YAU H T, YAN J J. Chaos synchronization of different chaotic systems subjected to input nonlinearity[J]. Applied Mathematics and Computation, 2008, 197(2): 775-788.

[77] WU X J, ZHU C J, KAN H B. An improved secure communication scheme based passive synchronization of hyperchaotic complex nonlinear system[J]. Applied Mathematics and Computation, 2015, 252: 201-214.

[78] MAHMOUD G M, AHMED M E, ABED-ELHAMEED T M. On fractional-order hyperchaotic complex systems and their generalized function projective combination synchronization[J]. Optik, 2017, 130: 398-406.

[79] ZHANG B, DENG F Q. Double-compound synchronization of six memristor-based Lorenz systems[J]. Nonlinear Dynamics, 2014, 77(4): 1519-1530.

[80] SUN J W, WANG Y, WANG Y F, et al. Compound-combination synchronization of five chaotic systems via nonlinear control[J]. Optik, 2016, 127(8): 4136-4143.

[81] LIU Y, LÜ L. Synchronization of N different coupled chaotic systems with ring and chain connections[J]. Applied Mathematics and Mechanics, 2008, 29(10): 1299-1308.

[82] SUN J W, SHEN Y, ZHANG G D. Transmission projective synchronization of multi-systems with non-delayed and delayed coupling via impulsive control[J]. Chaos, 2012, 22(4): 043107.

[83] CHEN X Y, PARK J H, CAO J D, et al. Sliding mode synchronization of multiple chaotic systems with uncertainties and disturbances[J]. Applied Mathematics and Computation, 2017, 308: 161-173.

[84] CHEN X Y, PARK J H, CAO J D, et al. Adaptive synchronization of multiple uncertain coupled chaotic systems via sliding mode control[J]. Neurocomputing, 2018, 273: 9-21.

[85] CHEN X Y, WANG C Y, QIU J L. Synchronization and anti-synchronization of N different coupled chaotic systems with ring connection[J]. International Journal of Modern Physics C, 2014, 25(5): 1440011.

[86] YANG T, CHUA L O. Impulsive stabilization for control and synchronization of chaotic systems: Theory and application to secure communication[J]. IEEE Transactions on Circuits and Systems I: Fundamental Theory and Applications, 1997, 44(10): 976-988.

[87] BHAT S P, BERNSTEIN D S. Finite-time stability of continuous autonomous systems[J]. SIAM Journal on Control and Optimization, 2000, 38(3): 751-766.

[88] WANG H, HANZ Z, XIE Q Y, et al. Finite-time chaos synchronization of unified chaotic system with uncertain parameters[J]. Communications in Nonlinear Science

and Numerical Simulation, 2009, 14(5): 2239-2247.

[89] VINCENT U E, GUO R. Finite-time synchronization for a class of chaotic and hyperchaotic systems via adaptive feedback controller[J]. Physics Letters A, 2011, 375(24): 2322-2326.

[90] TRAN X T, KANG H J. A novel observer-based finite-time control method for modified function projective synchronization of uncertain chaotic (hyperchaotic) systems[J]. Nonlinear Dynamics, 2015, 80(1): 905-916.

[91] CHEN X Y, CAO J D, PARK J H, et al. Finite-time complex function synchronization of multiple complex-variable chaotic systems with network transmission and combination mode[J]. Journal of Vibration and Control, 2018, 24(22): 5461-5471.

[92] CHEN X Y, CAO J D, PARK J H, et al. Finite-time control of multiple different-order chaotic systems with two network synchronization modes[J]. Circuits, Systems, and Signal Processing, 2018, 37(3): 1081-1097.

[93] SUN J W, WU Y Y, CUI G Z, et al. Finite-time real combination synchronization of three complex-variable chaotic systems with unknown parameters via sliding mode control[J]. Nonlinear Dynamics, 2017, 88(3): 1677-1690.

[94] SUN J W, SHEN Y, WANG X P, et al. Finite-time combination-combination synchronization of four different chaotic systems with unknown parameters via sliding mode control[J]. Nonlinear Dynamics, 2014, 76(1): 383-397.

[95] 王永生，姜文志，赵建军，等. 一种 Duffing 弱信号检测新方法及仿真研究[J]. 物理学报，2008，57(4)：2053-2059.

[96] 许师凯，王基，刘树勇，等. Lorenz 混沌系统的弱故障信号检测方法研究[J]. 噪声与振动控制，2015，35(1)：200-203.

[97] AHMAD I, SHAFIQ M, AL-SAWALHA M M. Globally exponential multi switching-combination synchronization control of chaotic systems for secure communications[J]. Chinese Journal of Physics, 2018, 56(3): 974-987.

[98] GUILLÉN-FERNÁNDEZ O, MELÉNDEZ-CANO A, TLELO-CUAUTLE E, et al. On the synchronization techniques of chaotic oscillators and their FPGA-based implementation for secure image transmission[J]. PLoS One, 2019, 14(2): e0209618.

[99] LUO J, QU S C, XIONG Z L, et al. Observer-based finite-time modified projective synchronization of multiple uncertain chaotic systems and applications to secure communication using DNA encoding[J]. IEEE Access, 2019, 7: 65527-

65543.

[100] CHEN G R, MAO Y B, CHUI C K. A symmetric image encryption scheme based on 3D chaotic cat maps[J]. Chaos, Solitons & Fractals, 2004, 21(3): 749-761.

[101] LIN T C, HUANG F Y, DU Z B, et al. Synchronization of fuzzy modeling chaotic time delay memristor-based chua's circuits with application to secure communication[J]. International Journal of Fuzzy Systems, 2015, 17(2): 206-214.

[102] LIN Z H, WANG H X. Efficient image encryption using a chaos-based PWL memristor[J]. IETE Technical Review, 2010, 27(4): 318.

[103] WANG L M, DONG T D, Ge M F. Finite-time synchronization of memristor chaotic systems and its application in image encryption[J]. Applied Mathematics and Computation, 2019, 347: 293-305.

[104] 刘洪. 混沌理论的预测原理[J]. 科技导报, 2004, 22(2): 13-17.

[105] 刘豹. 将来事件的可测性[J]. 系统工程学报, 1993,8(2): 111-118.

[106] 盛昭瀚, 马军海. 管理科学:面对复杂性:混沌时序经济动力系统重构技术[J]. 管理科学学报, 1998, 1(1): 33-44.

[107] CHUA L. Memristor-The missing circuit element[J]. IEEE Transactions on Circuit Theory, 1971, 18(5): 507-519.

[108] STRUKOV D B, SNIDER G S, STEWART D R, et al. The missing memristor found[J]. Nature, 2008, 453: 80-83.

[109] SANCHEZ-LOPEZ C, MENDOZA-LOPEZ J, CARRASCO-AGUILAR M, et al. A floating analog memristor emulator circuit[J]. IEEE Transactions on Circuits and Systems II: Express Briefs, 2014, 61(5): 309-313.

[110] YU D S, IU H H C, FITCH A L, et al. A floating memristor emulator based relaxation oscillator[J]. IEEE Transactions on Circuits and Systems I: Regular Papers, 2014, 61(10): 2888-2896.

[111] KENGNE J, NEGOU A N, TCHIOTSOP D. Antimonotonicity, chaos and multiple attractors in a novel autonomous memristor-based jerk circuit[J]. Nonlinear Dynamics, 2017, 88(4): 2589-2608.

[112] LIU G, WANG C, ZHANG W B, et al. Organic biomimicking memristor for information storage and processing applications[J]. Advanced Electronic Materials, 2016, 2(2): 1500298.

[113] SUN J W, HAN G Y, ZENG Z G, et al. Memristor-based neural network circuit of full-function Pavlov associative memory with time delay and variable learning

rate[J]. IEEE Transactions on Cybernetics, 2020, 50(7): 2935-2945.

[114] KIM H, SAH M P, YANG C J, et al. Neural synaptic weighting with a pulse-based memristor circuit[J]. IEEE Transactions on Circuits and Systems I: Regular Papers, 2012, 59(1): 148-158.

[115] DUAN S K, HU X F, DONG Z K, et al. Memristor-based cellular nonlinear/neural network: Design, analysis, and applications[J]. IEEE Transactions on Neural Networks and Learning Systems, 2015, 26(6): 1202-1213.

[116] BAO B C, XU J P, ZHOU G H, et al. Chaotic memristive circuit: Equivalent circuit realization and dynamical analysis[J]. Chinese Physics B, 2011, 20(12): 120502.

[117] LI C, MIN F H, LI C B. Multiple coexisting attractors of the serial-parallel memristor-based chaotic system and its adaptive generalized synchronization[J]. Nonlinear Dynamics, 2018, 94(4): 2785-2806.

[118] BUDHATHOKI R K, SAH M P, ADHIKARI S P, et al. Composite behavior of multiple memristor circuits[J]. IEEE Transactions on Circuits and Systems I: Regular Papers, 2013, 60(10): 2688-2700.

[119] CHEN M, SUN M X, BAO H, et al. Flux-charge analysis of two-memristor-based chua's circuit: Dimensionality decreasing model for detecting extreme multistability[J]. IEEE Transactions on Industrial Electronics, 2020, 67(3): 2197-2206.

[120] GUO M, GAO Z H, XUE Y B, et al. Dynamics of a physical SBT memristor-based Wien-bridge circuit[J]. Nonlinear Dynamics, 2018, 93(3): 1681-1693.

[121] FITCH A L, YU D S, IU H H C, et al. Hyperchaos in a memristor-based modified canonical chua's circuit[J]. International Journal of Bifurcation and Chaos, 2012, 22(6): 1250133.

[122] CHEN M, LI M Y, YU Q, et al. Dynamics of self-excited attractors and hidden attractors in generalized memristor-based Chua's circuit[J]. Nonlinear Dynamics, 2015, 81(1): 215-226.

[123] RAKKIYAPPAN R, SIVASAMY R, LI X D. Synchronization of identical and nonidentical memristor-based chaotic systems via active backstepping control technique[J]. Circuits, Systems, and Signal Processing, 2015, 34(3): 763-778.

[124] SUN J W, SHEN Y. Compound-combination anti-synchronization of five simplest memristor chaotic systems[J]. Optik, 2016, 127(20): 9192-9200.

[125] YANG S J, LI C D, HUANG T W. Impulsive control and synchronization of mem-

ristor-based chaotic circuits[J]. International Journal of Bifurcation and Chaos, 2014, 24(12): 1450162.

[126] WEN S P, ZENG Z G, HUANG T W. Adaptive synchronization of memristor-based Chua's circuits[J]. Physics Letters A, 2012, 376(44): 2775-2780.

[127] LUO J, QU S C, CHEN Y, et al. Synchronization of memristor-based chaotic systems by a simplified control and its application to image en-/ decryption using DNA encoding[J]. Chinese Journal of Physics, 2019, 62: 374-387.

[128] KOUNTCHOU M, LOUODOP P, BOWONG S, et al. Optimal synchronization of a memristive chaotic circuit[J]. International Journal of Bifurcation and Chaos, 2016, 26(6): 1650093.

[129] RAJAGOPAL K, KARTHIKEYAN A, SRINIVASAN A. Bifurcation and chaos in time delayed fractional order chaotic memfractor oscillator and its sliding mode synchronization with uncertainties[J]. Chaos, Solitons & Fractals, 2017, 103: 347-356.

[130] WEN S P, ZENG Z G, HUANG T W, et al. Fuzzy modeling and synchronization of different memristor-based chaotic circuits[J]. Physics Letters A, 2013, 377(34/35/36): 2016-2021.

[131] EMIROLU S,UYAROGLU Y. Control of Rabinovich chaotic system based on passive control[J]. Scientific Research and Essays, 2010, 5(21): 3298-3305.

[132] KOCAMAZ U E, UYAROGLU Y, KIZMAZ H. Controlling hyperchaotic Rabinovich system with single state controllers: Comparison of linear feedback, sliding mode, and passive control methods[J]. Optik, 2017, 130: 914-921.

[133] OJO K S, OGUNJO S T. Synchronization of 4D rabinovich hyperchaotic systems for secure communication[J]. Journal of Nigerian Association of Mathematical Physics, 2012, 21: 35-40.

[134] PIKOVSKII A S, RABINOVICH M I, Trakhtengerts V Y. Onset of stochasticity in decay confinement of parametric instability[J]. Soviet Journal of Experimental and Theoretical Physics, 1978, 47: 715.

[135] HU M F, XU Z Y, ZHANG R, et al. Adaptive full state hybrid projective synchronization of chaotic systems with the same and different order[J]. Physics Letters A, 2007, 365(4): 315-327.

[136] HO M C, HUNG Y C, LIU Z Y, et al. Reduced-order synchronization of chaotic systems with parameters unknown[J]. Physics Letters A, 2006, 348(3/4/5/6): 251-259.

[137] AHMAD I, BIN SAABAN A, IBRAHIM A B, et al. The synchronization of chaotic systems with different dimensions by a robust generalized active control[J]. Optik, 2016, 127(11): 4859–4871.

[138] ZHANG D Y, MEI J, MIAO P. Global finite–time synchronization of different dimensional chaotic systems[J]. Applied Mathematical Modelling, 2017, 48: 303–315.

[139] POURDEHI S, KARIMIPOUR D, KARIMAGHAEE P. Output–feedback lag–synchronization of time–delayed chaotic systems in the presence of external disturbances subjected to input nonlinearity[J]. Chaos, 2011, 21(4): 043128.

[140] WANG H, ZHANG X L, WANG X H, et al. Finite time chaos control for a class of chaotic systems with input nonlinearities via TSM scheme[J]. Nonlinear Dynamics, 2012, 69(4): 1941–1947.

[141] LIU L P, PU J X, SONG X N, et al. Adaptive sliding mode control of uncertain chaotic systems with input nonlinearity[J]. Nonlinear Dynamics, 2014, 76(4): 1857–1865.

[142] TRAN X T, KANG H J. Robust adaptive chatter–free finite–time control method for chaos control and (anti–) synchronization of uncertain (hyper) chaotic systems [J]. Nonlinear Dynamics, 2015, 80(1): 637–651.

[143] SLOTINE J J E, LI W. Applied nonlinear control[M]. NEW JERSEY: Prentice hall Englewood Cliffs, 1991.

[144] AGHABABA M P, AGHABABA H P. A general nonlinear adaptive control scheme for finite–time synchronization of chaotic systems with uncertain parameters and nonlinear inputs[J]. Nonlinear Dynamics, 2012, 69(4): 1903–1914.

[145] LI J T, LI W L, LI Q P. Sliding mode control for uncertain chaotic systems with input nonlinearity[J]. Communications in Nonlinear Science and Numerical Simulation, 2012, 17(1): 341–348.

[146] MORENO J A, OSORIO M. Strict Lyapunov functions for the super–twisting algorithm[J]. IEEE Transactions on Automatic Control, 2012, 57(4): 1035–1040.

[147] MORENO J A, OSORIO M. A Lyapunov approach to second–order sliding mode controllers and observers[C]//2008 47th IEEE Conference on Decision and Control. Cancun, Mexico. IEEE, 2008.

[148] CUOMO K M, OPPENHEIM A V. Circuit implementation of synchronized chaos with applications to communications[J]. Physical Review Letters, 1993, 71(1): 65–68.

[149] YU F, WANG C H. Secure communication based on a four-wing chaotic system subject to disturbance inputs[J]. Optik, 2014, 125(20): 5920-5925.

[150] MIN F H, LI C, ZHANG L, et al. Initial value-related dynamical analysis of the memristor-based system with reduced dimensions and its chaotic synchronization via adaptive sliding mode control method[J]. Chinese Journal of Physics, 2019, 58: 117-131.

[151] WANG X Y, WANG Y Q. Adaptive control forsynchronization ofafour-dimensional chaotic system viaasingle variable[J]. Nonlinear Dynamics, 2011, 65(3): 311-316.

[152] YANG C C. One input control for exponential synchronization in generalized Lorenz systems with uncertain parameters[J]. Journal of the Franklin Institute, 2012, 349(1): 349-365.

[153] WOLF A, SWIFT J B, SWINNEY H L, et al. Determining Lyapunov exponents from a time series[J]. Physica D: Nonlinear Phenomena, 1985, 16(3): 285-317.

[154] FEMAT R, ALVAREZ-RAMIREZ J, CASTILLO-TOLEDO B, et al. On robust chaos suppression in a class of nondriven oscillators: Application to the Chua's circuit[J]. IEEE Transactions on Circuits and Systems I: Fundamental Theory and Applications, 1999, 46(9): 1150-1152.

[155] LIU L L, ZHANG Q, WEI X P. A RGB image encryption algorithm based on DNA encoding and chaos map[J]. Computers & Electrical Engineering, 2012, 38(5): 1240-1248.

[156] XU Y, WANG H, LI Y G, et al. Image encryption based on synchronization of fractional chaotic systems[J]. Communications in Nonlinear Science and Numerical Simulation, 2014, 19(10): 3735-3744.